本专著受到以下项目和单位的资助与支持：
河南省科技厅重大科技专项“南水北调中线工程水生态环境保护关键技术研究及示范“（项目编号：221100320200）；南阳师范学院南水北调中线水源区流域生态安全高等学校学科创新引智基地（111 基地）；河南省南水北调中线水源区流域生态安全国际联合实验室；四川省科技厅重大科技专项“农村生产、生活污水高效低成本处理技术集成与示范”（项目编号：2019YFS0503）；南阳师范学院；宜宾学院

农村生活污水处理技术

张正安　著

中国环境出版集团·北京

图书在版编目（CIP）数据

农村生活污水处理技术 / 张正安著. —北京：中国环境出版集团，2024.1
ISBN 978-7-5111-5545-0

Ⅰ. ①农…　Ⅱ. ①张…　Ⅲ. ①农村—生活污水—污水处理　Ⅳ. ①X703

中国国家版本馆 CIP 数据核字（2023）第 119909 号

出 版 人　武德凯
责任编辑　范云平
封面设计　宋　瑞

出版发行　中国环境出版集团
（100062　北京市东城区广渠门内大街 16 号）
网　　址：http://www.cesp.com.cn
电子邮箱：bjgl@cesp.com.cn
联系电话：010-67112765（编辑管理部）
发行热线：010-67125803，010-67113405（传真）
印　　刷　北京鑫益晖印刷有限公司
经　　销　各地新华书店
版　　次　2024 年 1 月第 1 版
印　　次　2024 年 1 月第 1 次印刷
开　　本　787×960　1/16
印　　张　14.75
字　　数　252 千字
定　　价　78.00 元

前言

我国是有十四亿多人口的大国，常住农村人口占总人口的 36.11%（据第七次全国人口普查主要数据），每天产生的大量农村生活污水对环境造成了严重污染。如何有效解决农村生活污水污染已是我国面临的一大难题。2000 年以前，我国农村居民生活用水量还很小，生活污水几乎全部作为农家肥被农田消纳，对水环境影响较小。近年来，随着人口增长及农村生活条件的改善（基本实现自来水户户通，洗衣机、热水器等电器逐渐普及），农村生活污水产生量显著增加。此外，农村人口外出务工比例增加，耕种人员和耕地数量减少，导致部分生活污水没有及时有效地用于农田消纳，而是直接排入地表水体，造成严重的农村生活污水面源污染。

相对城市污水处理，农村生活污水处理的难点是居民居住过于分散，不便于收集处理。在以平原为主要地形的地区，农村居民相对集中，但污水收集量太少，导致污水处理规模成本较高。在山区和丘陵地形区域，难以铺设污水收集管网，这进一步加大了处理难度。但相较于城市污水处理，农村生活污水处理也有其优势，一是农村面积大，生物资源丰富，环境容量大，对生活污水净化具有天然优势；二是农村耕地面积多，农业生产可消纳大量生活污水。因此，农村生活污水处理必须区别于城市生活污水处理，应结合农村居民分布、地形、气候、农业生产等特点，充分发挥当地自然条件优势，因地制宜地选择合适的处理方法或资源利用方法。

目前农村生活污水处理的工艺模式和设备众多，但大多管理运行复杂，运行效果较差，甚至没有发挥作用。为此，本书总结国内外农村生活污水现有治理方法，并在其基础上提出了一系列形式多样、适宜我国广大农村的处理模式，以提供参考借鉴。本书主要以作者近年来在污水处理领域所取得的研究成果为基础，结合四川省重大科技专项课题（2019YFS0503）、河南省重大科技专项（221100320200）等科研成果，同时参考国内外有关污水处理方面的文献编写而成。

目 录

第 1 章　概述

1.1　农村生活污水来源及排放

1.1.1　农村生活污水来源

农村生活污水主要来源于以下三方面：首先是居民生活污水，农村居民洗衣、做饭、洗浴、冲厕所产生的污水，污水中的主要污染物是有机物、悬浮物（SS）以及各种形态的氮（N）、磷（P）；其次是农村农家乐污水，主要来源于餐厨废水，废水中动植物油含量高，必须采取除油预处理，才能进一步采取生物处理；最后是居民的畜禽散养污水或水产养殖污水，主要成分是畜禽粪便、人工饵料、渔用肥料、养殖水产排泄物等，污水中的氨氮（NH_3-N）和磷相对较高。

1.1.2　生活用水量

农村居民生活用水量情况比较复杂，由于农村居民生活条件和生活习惯等的不同，用水量相差很大，当缺乏实地调查数据时，用水量应根据当地人口规模、用水现状、生活习惯、经济条件等确定；或根据类似地区用水量确定；也可参考表 1-1 提供的农村居民生活用水定额来确定。

表 1-1 农村居民生活用水定额 单位：L/（人·d）

村庄类别	用水量
自来水入户，且户内有水冲厕和淋浴设施	80～120
自来水入户，户内有淋浴设施，但无水冲厕	60～80
户内有给水龙头，无水冲厕和淋浴设施	40～60
无户内给水设施	20～40

注：此表引自张正安等（2020）。

1.1.3 生活污水排水量

由于农村生活污水排水量受居民集中程度、污水收集方式、污水管网覆盖率等多种因素影响，建议通过实地考察确定。如果缺乏实地考察资料，可参考以下公式估算：

$$\text{污水排放量}(m^3)=\text{用水量}[m^3/(\text{人}\cdot d)]\times\text{人口数}\times K \tag{1.1}$$

式中，K 为修正系数，取值介于 0.4～0.8，主要取决于污水管网覆盖率。管网完善、污水收集处理率较高的地区 K 取值 0.6～0.8；管网不健全、污水收集处理率较低的地区 K 取值 0.4～0.6。

1.1.4 污水水质

参考《西南地区农村生活污水处理技术指南》，西南地区农村污水污染物指标范围如表 1-2 所示。

表 1-2 西南地区农村生活污水水质

污染指标	pH	SS/（mg/L）	COD/（mg/L）	BOD_5/（mg/L）	NH_3-N/（mg/L）	TP/（mg/L）
数值	6.5～8.0	150～200	150～400	100～150	20～50	2.0～6.0

注：COD—化学需氧量；BOD_5—五日生化需氧量；TP—总磷，下同。

姚培荣等（2020）对四川宜宾农村生活污水水质的抽样检测数据如表 1-3 所示。

表 1-3　四川宜宾农村生活污水水质抽样检测数据

污染指标	pH	SS/（mg/L）	COD/（mg/L）	BOD_5/（mg/L）	NH_3-N/（mg/L）	TP/（mg/L）
四川宜宾南溪区农家乐	7.1	184	132	81.1	17.4	3.2
四川宜宾兴文县永寿村聚居点	6.4	166.5	884.9	474	76.5	2.54
四川宜宾翠屏区菜坝镇聚居点	6.2	45	118	74	43	3.6

1.1.5　污水排放要求

农村生活污水中所含污染物主要为有机物、N、P 等，对环境有毒有害的物质含量较少，适合作为农家肥施用于农田，因此，农村生活污水处理应优先选择资源化利用，用于农田消纳，不能资源化利用的再考虑采取污水处理设施处理达标后排放。

目前我国还没有制定农村生活污水国家排放标准，处理后的污水如果排入农灌渠或灌溉功能水体，须满足《农田灌溉水质标准》（GB 5084—2021），如果排入江河湖泊等水体，则须优先满足地方相关排放标准，如果用于景观环境，出水水质应满足《城市污水再生利用　景观环境用水水质》（GB/T 18921—2019）规定，如果地方没有制定排放标准，可参考执行《城镇污水处理厂污染物排放标准》（GB 18918—2002）。有些省份已经制定了地方排放标准，如云南、广西、浙江、四川等。例如，四川省出台的《农村生活污水处理设施水污染物排放标准》（DB 51/2626—2019）充分考虑了污水处理规模的大小和受纳水体的差异性。处理后排入外界水体的生活污水，其出水水质主要由接纳水域的功能类别、环境容量、处理规模等多种因素决定。

1.2 污水收集

1.2.1 排水方式选择

排水方式主要有雨污分流制、雨污合流制、雨污截流式合流制。选择何种方式应结合当地经济发展、地形地貌及气候条件、居民生活习惯、原有排水设施以及污水处理和利用等因素综合考虑确定。

在条件允许的情况下，应优先采用雨污分流制。新建村庄居住区、移民新村、传统村落改造等应采用雨污分流制。经济条件一般、分流制困难以及已经采用合流制的村庄，近阶段可采用雨污截流式合流制。在进入处理设施前的主干管上设置截流井或其他截流设施，晴天污水和下雨初期雨污混合水输送到污水处理设施处理后排放，混合污水的水量超过截流管输水能力后溢流排入附近水体。

1.2.2 污水收集方式

常见污水收集方式有合流制、分流制、截流制三种，这些收集方式主要适用于人口密集或地形平坦的城镇地区。对于地形复杂、农户分布不规律的农村地区，需要因地制宜遵循“分类治理”“利用优先”的基本原则，采取灵活多样的收集方式。已建有排水设施但不完善的农户集中区域，宜修建完善的排水系统，提高污水收集率。新建的新农村规划区可采用雨污分流收集系统，对于农户数很少（少于 10 户）且分布较为分散的区域，可采取黑水和灰水分开收集的方式，黑水可先进入化粪池或沼气池处理后农用或进入污水收集管网，而灰水可直接进入收集管网。

1.2.2.1 单户污水收集方式

有些农村地区受地形限制，农户居住较为分散，对于单一农户宜采取雨污分流的方式收集污水，粪污与洗涤污水分流，厨房污水、洗涤污水与厕所粪污汇入化粪池，经处理后达到《农田灌溉水质标准》（GB 5084—2021），可用于农田灌溉，收集处理方式如图 1-1（a）所示。可能有些农户还喂养有少量畜禽，而产生一定量的养殖废水，这类污水一般最终连同居民生活污水进入化粪池处理后农用，其收集处理方式如图 1-1（b）所示。

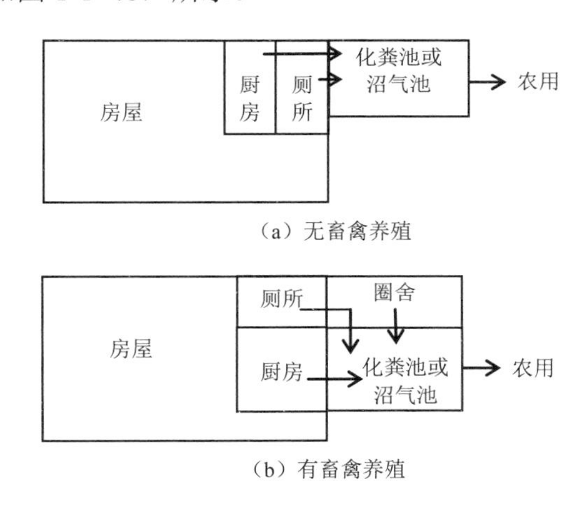

图 1-1 单一农户生活污水收集方式

1.2.2.2 庭院多农户污水收集方式

农村地区常出现同一个家族的农户居住在一栋楼内、一个庭院内或房屋紧邻的情况，庭院多农户相对于单独农户生活污水量明显增加，但有一部分农户种植有农田，生活污水农用后剩余部分如采取建设污水站处理，可能不能满足植物的生长营养需求，污水站因规模太小也不便于管理维护。对于这种情况，建议采取“资源化利用优先，转运集中处理”的思路进行处理，即针对每户或多户建设收集管网和化粪池，处理后优先进行资源化利用，剩余的通过管网收集至较大的化粪池（至少可满足一周的收集量）预处理，处理后的污水仍然优先供给农户农用，多余的可通过人工湿地、生态塘、土地渗滤等生态技术处理后排放，或通过罐车运输至附近的污水站（厂）处理。

庭院多农户污水收集方式见图 1-2。

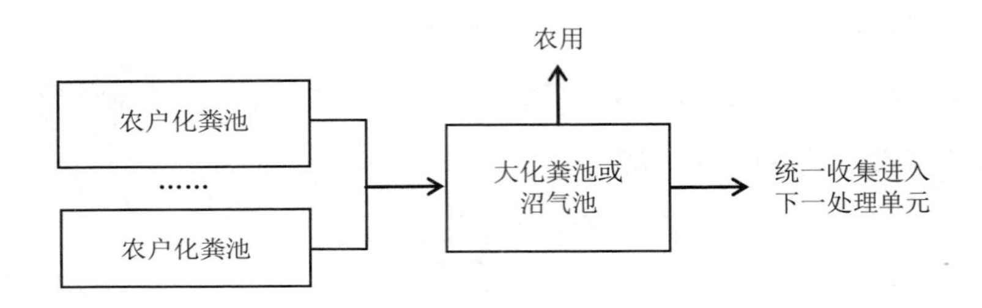

图 1-2　庭院多农户污水收集方式

1.2.2.3　村落污水收集方式

农户多且集中的村落，污水产生量较大，有些农户可能是由外地搬迁至该村落居住的（如新农村规划区），没有种植农田，生活污水农用后仍有较大量剩余，需建设污水收集管网和污水处理设施对其处理达标后排放。大部分农村地区受地形限制，村落一般沿河流或公路分布，生活污水可采取分流制收集，通过管网或沟渠收集时尽量依靠重力流将污水收集至污水处理站，集中处理达标后排放。村落污水收集方式如图 1-3 所示。

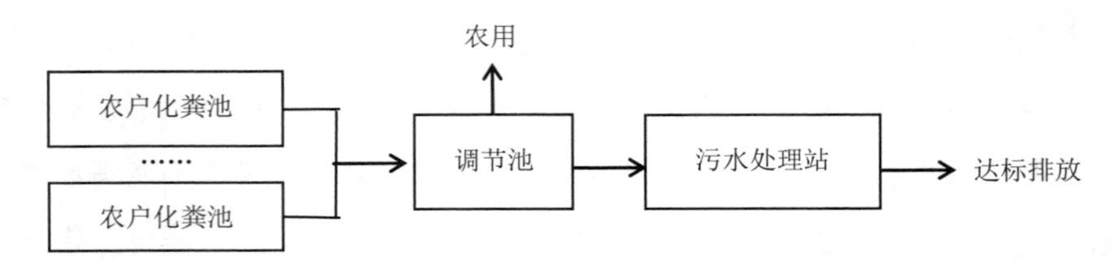

图 1-3　村落污水收集方式

村落污水收集处理系统应结合当地村落发展规划合理设计，考虑村落规划中人口数量、功能布局、经济发展模式等因素的影响，最大可能地提高污水收集处理率。污水处理设施应简单有效，保证长期有效运行是首要考虑因素。

1.2.2.4　镇郊污水收集方式

对于公路沿线居民集中连片的居住区和二级场镇民居密集的区域，如果附近有城镇污水处理厂，且地形便于污水管网铺设，可建设管网和完善设施，将污水收集至附近的市政污水管网或污水处理厂处理（图 1-4）。无法铺设管网的区域可采取村落污水收集处理方式收集处理。

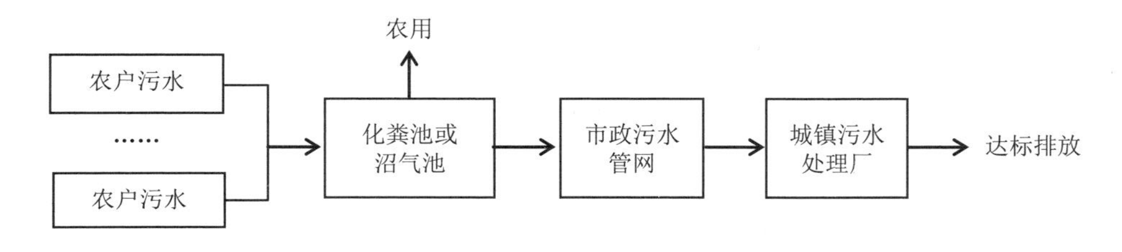

图 1-4　镇郊污水收集方式

1.3　农村生活污水处理要求

从处理成本和排放要求考虑，结合农村农业施肥的实际需要，将“改厨改厕”工程和农村污水治理工程相结合，采用四级处理分类处理路线，可实现农村污水高效率、低成本的处理。

1.3.1　一级处理

农村生活污水一级处理出水水质应达到《城镇污水处理厂污染物排放标准》

（GB 18918—2002）三级标准或《农田灌溉水质标准》（GB 5084—2021）的要求。常用的处理设施有格栅、沉淀池、三格式化粪池，其中三格式化粪池是一级处理的核心装置，将厕所粪污与厨房污水（黑水）接入三格式化粪池进行无害化处理，农户可以从化粪池的第三格取富含 N、P 的污水用于施肥；其他洗浴、洗涤污水（灰水）建议不进入化粪池，因为灰水接入化粪池一方面会冲淡肥力，影响肥效，另一方面会缩短化粪池内污水水力停留时间，降低生化效果。一级处理属于简单处理，可以降低污水中的颗粒物含量，增强可生化性，处理后的污水可作为农家肥或农田灌溉使用，也可经污水管网收集后进一步处理达标后排放。

1.3.2 二级处理

生活污水经过化粪池或沼气池处理后，仅适用于作为农家肥或农田灌溉，需要进一步采取二级处理方能满足直接排放要求，其处理后的出水水质应达到《城镇污水处理厂污染物排放标准》（GB 18918—2002）二级标准。二级处理一般针对污水处理规模小且对排水水质有一定要求的区域。生活污水经过化粪池或沼气池处理后，其水质和可生化性已有所改善，再进一步采取人工湿地、氧化塘、土地渗滤、生物滤池、接触氧化、厌氧生物膜等工艺处理后，一般可满足二级处理排放要求。二级处理工艺的选择需结合污水处理量、进水水质、排水要求、当地地形及气候等因素综合考虑。

1.3.3 三级处理

三级处理一般针对农村生活污水处理规模为 20～100 m^3 且对排水水质要求较高的区域，即出水水质不仅对 COD、SS 等污染物浓度有严格要求，而且对 N、P 也有一定的要求，一般需要达到《城镇污水处理厂污染物排放标准》（GB 18918—2002）一级 B 标准。单独的厌氧、好氧或生态技术处理很难达到三级处理要求，一般需要采取厌氧和好氧相结合的处理技术。常用的三级处理技术有 AO（缺氧、好氧生化处理法）、氧化沟、SBR（序列间歇式活性污泥法）等生物治理技术。

1.3.4 四级处理

四级处理一般针对农村生活污水处理规模大且排水水质有特殊要求的区域，排水不仅要求 COD、SS 等污染物浓度低，而且对 TP、总氮（TN）均有严格要求，出水水质至少达到《城镇污水处理厂污染物排放标准》（GB 18918—2002）一级 A 标准。单独的厌氧、好氧或生态技术处理很难达到排放要求，一般需要在三级处理工艺的基础上再进一步深度处理。常用的四级处理技术有 A^2O（厌氧—缺氧—好氧法）、氧化沟、UCT（脱氮除磷工艺）等生物处理技术，或者生物—生态协同处理等。特殊情况时也可采取生物处理与化学处理相结合的技术。表 1-4 汇总了不同级别的处理要求及常用的处理工艺。

表 1-4 农村生活污水处理要求及处理工艺

处理级别	一级处理	二级处理	三级处理	四级处理
处理要求	满足《城镇污水处理厂污染物排放标准》（GB 18918—2002）三级标准或《农田灌溉水质标准》（GB 5084—2021）要求	去除 SS 和部分有机物，满足《城镇污水处理厂污染物排放标准》（GB 18918—2002）二级标准要求	大幅度去除废水中呈胶体态或溶解态有机物，同时去除部分 N、P 等污染物，满足《城镇污水处理厂污染物排放标准》（GB 18918—2002）一级 B 标准要求	在三级处理的基础上进一步去除 SS、有机物、N、P 等污染物，至少满足《城镇污水处理厂污染物排放标准》（GB 18918—2002）一级 A 标准要求
常用工艺	化粪池、沼气池或其他厌氧技术	在一级处理的基础上进一步加强厌氧或生态处理	在一级处理的基础上进一步采取厌氧—好氧、厌氧—生态、厌氧—化学等组合处理技术	在一级处理的基础上进一步采取厌氧—缺氧—好氧、厌氧—好氧—生态、厌氧—化学等组合处理技术

第 2 章　农村生活污水处理常用技术

2.1　污水生物处理技术

随着我国经济的发展和人口数量的增加，污水的产排量也在急剧增加，农村污水的污染与治理问题已经引起了我国政府的高度重视。污水对生态环境具有严重的影响，未经净化处理的污水如果直接排放到环境中，会对土壤、地表水以及地下水造成严重污染，进而危害人类健康。由于我国不同地区的经济、气候、地形等情况差异很大，污水的产生量、水质特点差异也很大，所以污水处理的工艺、方法也不同。虽然我国污水处理技术水平在不断提升，但仍不能使污水处理结果完全达到排放标准，目前我国污水污染形势仍然严峻。

污水处理技术宏观上可分为化学处理法、生物处理法和物理处理法。其中生物处理法是指通过人工培养和驯化获得特定类型的微生物群体，使其以污水中的有机物为食物进行生长、繁殖、代谢，从而降解去除污水中有机物、氮、磷等污染物的方法。生物处理法因具有运行成本低、运行管理方便等优点，在污水处理工程实践中被广泛应用。生活污水的主要污染物为有机物，且正常情况下 BOD_5/COD_{Cr} 均大于 0.3，可生化性好，一般采取生物法进行处理。

相比物理法和化学法，生物法具有许多明显的优势，如处理成本低，仅为传统物理法和化学法的 30%～50%。微生物降解净化处理不仅可以有效去除污水中的有机物、病原体，还能够有效去除污水的颜色及异味，从而降低污水的色度，减少对环境的影响，无二次污染，遗留问题少。生物处理技术通过微生物的新陈代谢作用，使污水中呈溶解态、胶体以及微细悬浮物状态的有机污染物转化为无害的稳定物质。生物处理技术中根据微生物对氧气的需求特点，可将微生物分为厌氧微生物和好氧微生物，所以生物处理法又可以根据其发挥作用的微生物种类分为好氧处理法和厌氧处理法两种，实际应用中，可根据污水水质、特点选择独立的好氧微生物处理技术或者厌氧微生物处理技术，也可选择二者组合的方法。

2.1.1　厌氧处理

厌氧处理法是通过兼性厌氧菌以及专性厌氧菌的作用把污水中大分子有机物降解为低分子化合物，进而转化为甲烷（CH_4）、二氧化碳（CO_2）的处理方法。该方法分为两个阶段：酸性消化阶段和碱性消化阶段。在酸性消化阶段，在产酸菌的作用下，大分子有机物变成简单的有机酸和醇类、醛类、氨、CO_2 等，然后在碱性消化阶段将酸性消化的代谢产物在甲烷细菌作用下进一步分解成 CH_4、CO_2、H_2O 等物质。厌氧处理法又称为生物还原处理法，主要适合处理浓度较高的有机废水和污泥，消化池是该方法使用的主要处理设施。

2.1.2　好氧处理

好氧处理法是指在有氧的条件下通过好氧菌或者兼性厌氧菌的新陈代谢，把复杂的有机物转化、降解成简单的无机物，从而使污水得到净化。好氧处理法又可以分为活性污泥法和生物膜法两种。

2.1.3 污水生物处理常用工艺

2.1.3.1 氧化沟工艺

氧化沟工艺又叫作氧化渠工艺，因其构筑物为环形沟渠而得名，是活性污泥法的一种变体。其结构如图 2-1 所示。

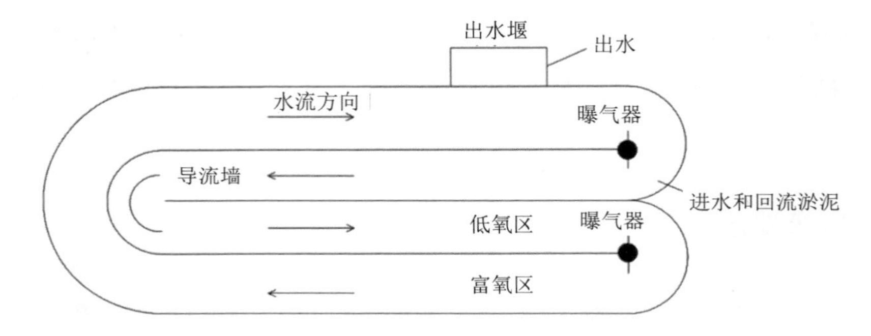

图 2-1 氧化沟工艺

氧化沟所采用的生化操作系统为自动延迟曝气的智能活性污泥处理系统，以连续式的环形生化反应池作为生化反应场所，利用多种可控制的搅拌器和自动曝气控制装置，使空气快速进入环形反应器内，泥水混合液在一个封闭曝气通道中快速循环，促使氧化沟中形成厌氧、缺氧、好氧的环境。

氧化沟工艺一般采用的是传统的生物脱氮的方法，其生物脱氮流程主要分为两个阶段：硝化反应阶段和反硝化反应阶段。硝化反应阶段在好氧的环境中进行，亚硝化细菌和硝化细菌共同发挥作用。含有氮的有机污水进入氧化沟反应器后，氨化细菌将其降解并释放出氨氮，为硝化提供底物。然后在亚硝酸盐细菌的作用下，将氨氮氧化为亚硝酸盐，然后又将亚硝酸盐氧化为硝酸盐。反硝化反应阶段需要在缺氧的条件下完成，反硝化细菌将硝酸盐还原为氮气并排出污水，达到脱氮效果。生物脱氮过程见图 2-2。

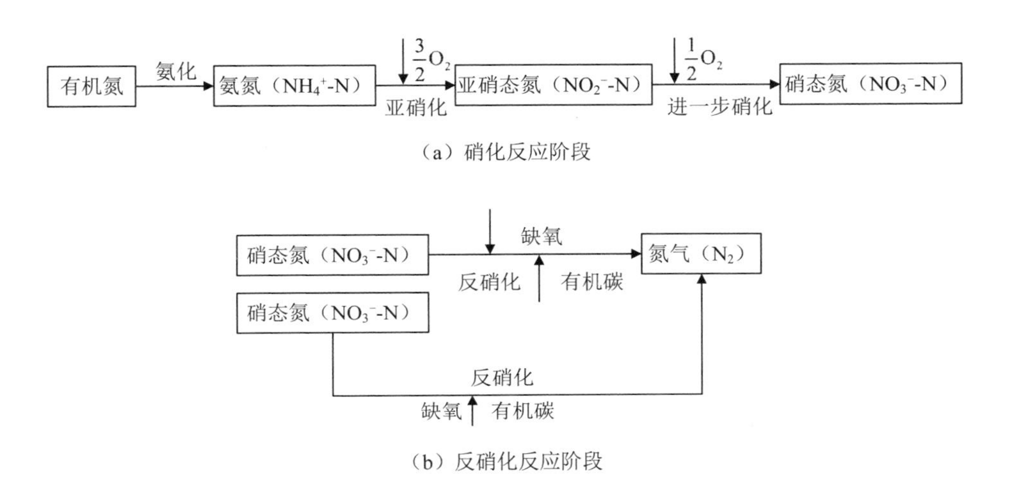

图 2-2　硝化和反硝化反应阶段

注：此图引自高廷耀等（2014）。

氧化沟同时具有生物除磷功能，所采用的生物除磷法主要有两个阶段：厌氧段和好氧段。其除磷机理可概括为污水在厌氧环境中磷被释放，在好氧环境中磷被吸收。如图 2-3 所示，在厌氧条件下，聚磷菌通过吸收已经发酵的产物和有机酸，将有机物质输送到真菌细胞中，并将其能量在同化过程中储存在真菌细胞内，这一过程所需的能量由已经积累在细胞内氧化水解和糖酵解的聚磷酸盐提供，这样就使得聚磷酸盐通过释放进入污水厌氧化环境中，然后在好氧条件下，聚磷菌吸收有机物、分解释放的能量，恢复已经积累剩余磷的成体细菌的活性，超额吸收原富磷废水中的磷，完成剩余磷的能量积累，聚磷酸盐在真菌细胞体内进行合成并氧化储存，形成富磷污泥，从而达到生物除磷的目的。生物除磷技术自 20 世纪 60 年代以来，已在世界各地得到广泛应用，在我国至今也依然是污水除磷的主要手段之一。

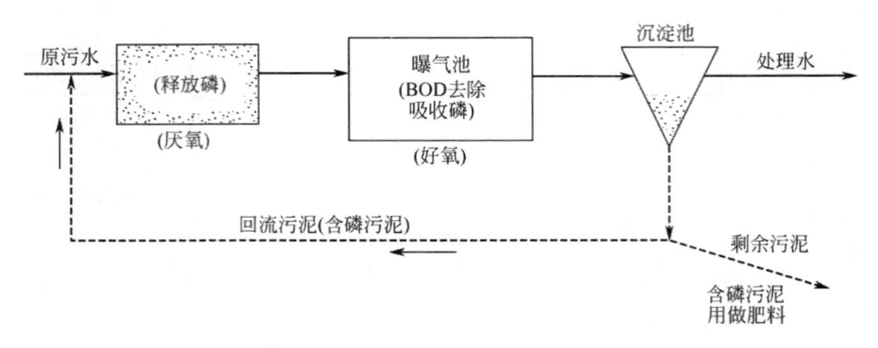

图 2-3　生物除磷过程

注：此图引自高廷耀等（2014）。

氧化沟工艺具有工艺简单、构筑物数量少、易于操作和管理、出水水质优良、工艺适应性强等优点。该工艺出水的水质不仅可以满足污水脱氮除磷的深度处理要求，而且还能达到 SS 和 BOD_5 的排放标准要求。氧化沟内溶解氧浓度梯度明显，非常适用于生物处理硝化、反硝化工艺单元，而且抗冲击负荷能力强，处理高浓度工业有机废水的能力强。氧化沟工艺也存在一系列缺点，如占地面积较大，投资成本高，表面曝气系统的能耗高于普通鼓风曝气系统，沟渠中容易存在曝气死区、易产生泥沙淤积等。

运行过程中若进水量发生变化，进水水质不稳定，需要根据工艺的承受能力适当调整污泥回流比。综合污水检测结果与管理流程，调整配水系统配水量、曝气量以及回流量，确保各生化池内和曝气回流池内污泥均匀。及时根据污水污泥混合浓度自动调控曝气池的污泥混合液回流比，按照要求排放剩余污泥，确保脱氮除磷效果。如果进入污水池中的有机物太少，曝气池内进水负荷太低，活性污泥就可能发生膨胀，这时，应实时测定曝气池内泥水混合液的污泥沉降比和污泥体积指数，还应实时测定曝气池泥水混合液的溶解氧，用于在线曝气仪表的比对、校准。

2.1.3.2　MBR 工艺

MBR（Membrane Bio-Reactor）又称膜生物反应器，在污水处理生物法和其他生物水资源再生与综合利用领域，MBR 是一种由膜分离单元与生物处理单元相结合的新型水处理技术。其工艺流程和生物处理单元分别见图 2-4 和图 2-5。这种新型泥水分离单元装置能够高效拦截生化反应池中的大量生物活性污泥，以及大量其他高分子活性污泥等有机物，从而省去二沉池。这样，生化系统内活性污泥的停留时间和浓度就大大提高，而且水力停留时间（HRT）和污泥停留时间（SRT）能同步得到控制，同时难以降解的有机物在生化反应器中不断快速进行生化反应，并迅速进行降解。MBR 技术在一定程度上大大增强了生物反应器的综合控制功能。

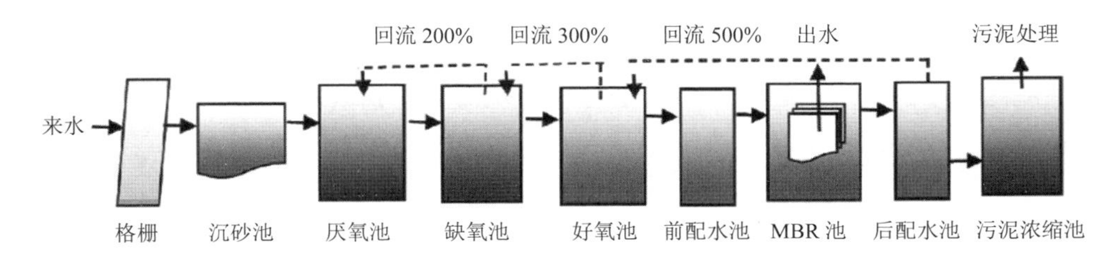

图 2-4　MBR 工艺流程

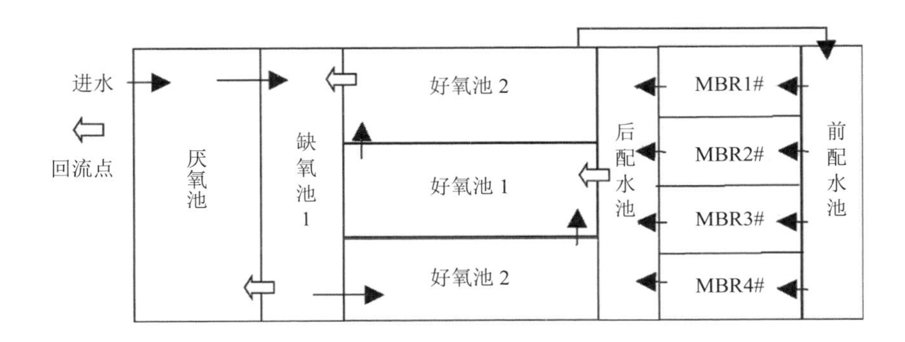

图 2-5　MBR 生物处理单元

MBR 工艺由于高效的膜截留，生化单元的微生物浓度显著提高，生化处理的有机负荷高，可以节省整个污水处理厂的占地面积；高容积负荷提高了系统的硝化效率，保持了高污泥浓度、低污泥负荷，产生的剩余污泥少，污泥处置成本低。该工艺的主要缺点是施工期间的单项投资成本高，运行期间电耗高，膜更换成本高，不同膜组件制造商的标准不同、可替代性低。

运行过程中需配置专业检测人员，定期检测各生物池内混合液的 SS 浓度与溶解氧浓度。为了最大限度保证工艺设备的正常运转，有必要对关键控制仪器做定期检查与维修。

2.1.3.3 A_NO（缺氧—好氧）工艺

该工艺将好氧池中的部分混合液和二沉池底部的部分污泥同时回流至缺氧池中，形成内部循环。在缺氧池中，反硝化细菌利用原污水中的有机物作为碳源，将回流污泥中的大量硝酸盐还原转化为 N_2，从而达到脱氮效果，此处理工艺即为缺氧—好氧脱氮处理工艺，简称 A_NO 工艺（图 2-6）。

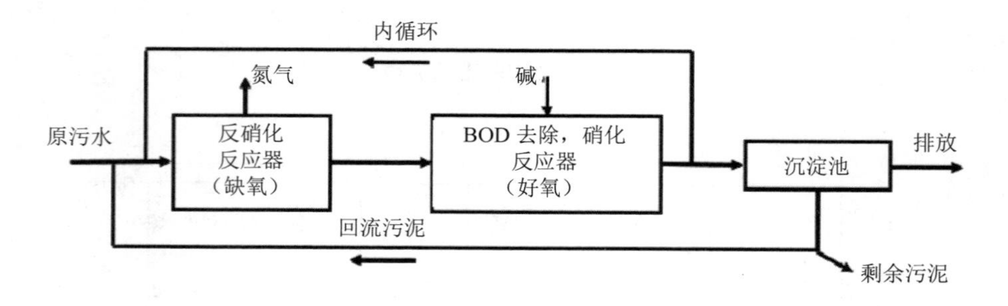

图 2-6　A_NO 工艺流程

由缺氧池和好氧池整体串联组合而成的新型 A_NO 污水处理工艺，保证了污水有机物的硝化去除率和反硝化效果。由于污水首先进入缺氧池，反硝化过程中的部分有机物被作为反硝化碳源，可以得到初步硝化降解，污水接着再次进入硝化好氧池，进行二次硝化降解反应，有机物被进一步快速降解。此外，好氧池中尚未得到充分反应的硝化污泥及其混合液被自动回流至缺氧池中，进行二次反硝化反应，同时污水中的有机物也会得到更进一步的降解处理。

A_NO 工艺以及在此基础上改进的 A^2/O 工艺由于好氧段需要大量的活性污泥，曝气量需求较高，而且污泥回流量大，所以能耗较高。此外，还需要处理剩余污泥、定期提升污泥的活性等问题。

2.1.4　污水生物处理发展趋势

生物法处理污水可选择的工艺类别很多，如序批式活性污泥法（SBR）、A/O、氧化沟、MBR、活性污泥法、生物膜法等在工程实践中均有广泛应用。那么，污水处理设计时需要将水质特点、出水水质要求、建设成本及运行成本控制要求、运维要求等因素综合考虑，选择最合适的处理工艺。针对不同环境中的农村生活污水，需要应用不同的科学合理的处理技术，以确保农村生活污水处理效果的持续提升。我国生活污水处理技术在飞速发展，许多技术相继被研发和使用在污水处理领域，虽然如此，污水处理技术在实际应用过程中仍然存在一些问题，有待优化完善。

（1）工艺设备标准化

污水处理工艺设备应尽量做到低耗能、高效率、自动智能化。做好技术装备相关规范的制订工作，真正保证涉及村镇污水处理领域的技术装备以及工艺流程都可以进行规范化制造与使用。在高效污水处理中减少传统技术设备的工作能耗，这将是未来技术装备的主要发展方向。另外，需提高操作管理系统的自动化和智能化水平，提升管理数据的可获得性和有效性。

（2）加强深度处理

目前，市场上现有污水处理工艺对有机物的处理已经较为成熟，如污水处理厂中常见的脱氮除磷 AAO（Anaerobic-Anoxic-Oxic）技术，其对污水中有机物的深度处理已经可以达到排放标准要求。但随着我国对回用水质的要求越来越高，以及污水中新兴污染物的不断出现，污水的深度处理已经变得势在必行。

（3）实现污泥的无害化、资源化

污水处理中，稳定产出的污泥具有较好的利用前景，其中含有丰富的磷、氮、有机质等对植物生长有利的营养成分，其资源化利用是重要的待开发技术。

2.2 污水厌氧生物处理技术

2.2.1 概述

污水生物处理法，简称生物法，因其具有处理成本低、运行管理方便等优点，是我国目前污水处理最常用的技术方法。根据污水处理生化池中氧气浓度的高低，可将生物法分为厌氧处理、好氧处理、缺氧处理。相较于好氧处理和缺氧处理，厌氧处理具有以下几大优势：一是厌氧过程中不需要充氧，处理成本最低；二是其在完成污水处理的同时，还可以产生沼气，从而达到资源化利用污水中有机物的目的；三是可降解高浓度有机废水中难降解的大分子有机物，提高废水的可生化性，为污水的好氧或缺氧处理创造条件；四是污泥产生量低，从而降低了污泥处置费用。厌氧处理因具有上述诸多优点而备受关注，在污水处理工程实践中应用也非常广泛。

厌氧生物处理技术是在无氧条件下，环境中的兼性厌氧微生物和厌氧微生物通过自身的代谢活动，将污水中的大分子有机物分解转化为 CH_4、CO_2 和水等小分子物质，从而达到去除污水中有机物的目的。同时该技术还能够回收沼气，实现能源的回收利用。厌氧生物处理技术分解污水中的有机物可以分为四个阶段（Mogens Henze，2011）：①水解阶段，经由过程发酵菌发生胞外酶，将大分子的不溶物质（蛋白质、糖类、脂肪）转化为相对简单的可溶性物质，如氨基酸、糖类和脂肪酸等；②产酸阶段，产酸菌通过新陈代谢将氨基酸、单糖和脂肪酸等水解产物转化为乙酸、丙酸和丁酸等；③产乙酸阶段，产乙酸菌通过代谢作用进一步将产酸阶段产生的短链脂肪酸转化为乙酸；④产 CH_4 阶段，乙酸等小分子能够在产甲烷菌的作用下转化为 CH_4、CO_2 和水（夏恺成等，2021）。

2.2.2　污水厌氧处理常用工艺

2.2.2.1　化粪池

化粪池是一个密闭的构筑物，不消耗动力，无害化程度高，是常见的污水厌氧工艺处理设施。化粪池能够对生活污水中的粪便进行溶解和分解，对污水中的 SS 进行过滤和沉淀，上清液可用于农田消纳或通过管道输送至污水处理厂进一步处理，沉淀物在池底分解，避免固体废物堵塞管道。

化粪池能够对生活污水进行预处理，同时对污泥有一定的处理作用。首先，化粪池能够在厌氧腐蚀条件下使混合的污泥和污水分层，在厌氧微生物的代谢作用下进行污泥消化，污泥中的大分子有机物会被分解为各种小分子的无机物，并产生沼气，剩余的污泥则可以作为肥料回收利用，实现污泥的资源化利用（赖竹林等，2020）；其次，化粪池容积大、密封性能好、能高效处理粪便，节约了土地资源，同时避免污水、污泥进一步扩散造成环境污染、危害人体健康；最后，化粪池建设周期短、抗压能力强、耐用，平均使用寿命长达 20 年以上，可提高经济效益。

2.2.2.2　沼气池

沼气池是利用微生物发酵制造沼气的设施。其原理是在厌氧条件下沼气细菌将环境中的有机物分解，产生沼气。沼气是可燃混合气体，其主要成分为 CH_4，能够作为燃料使用，是常用的清洁能源之一。建设沼气池具有节约资源、保护环境、提高农村环境质量等重要作用。

将沼气池与家畜粪便放在一起能够减少蚊虫滋生，改善农村生活环境；沼气池产生的残渣可以作为肥料使用，能够减少化肥农药的使用（王效华等，2005）。但沼气池也存在一定的安全隐患，沼气是易燃气体，积累过多会发生爆炸，同时造成二次污染，所以对沼气池应该进行妥善管理，避免沼气大量泄漏污染环境。沼气池的出水一般不能达到一级排放标准，所以要对沼气池出水进一步净化处理，才能直接排放（戴宝成等，2013）。

2.2.2.3 厌氧生物滤池

厌氧生物滤池是一种高效的生物厌氧反应器，滤池中装有固体填料（炉渣、瓷环、塑料等）作为微生物生长的载体，厌氧微生物附着在固体载体上。当污水进入滤池后，其中的有机固体物质便会与附着在载体表面的厌氧微生物进行反应，从而被分解，污水得到净化。改变滤池内部结构可以延长污水在滤池内部的停留时间，提高净水效率。

厌氧生物滤池由输水部分、填料载体过滤部分、沼气收集部分和出水处理部分组成，部分滤池还具有回流系统（龙腾锐等，2015），根据容器中液体流动的方向，可以把厌氧生物滤池分为升流式和下向流式两大类。

升流式厌氧生物滤池的输水部分在滤池底部，污水从底部进入滤池后均匀地向上流动，在与滤料接触后，污水中的有机固体会与滤料表面的厌氧微生物进行反应，有机物被转化为 CH_4、CO_2 等，处理后的污水从滤池顶部流出，产生的沼气在顶部被收集。目前使用的大多数厌氧滤池都是升流式厌氧滤池。

下向流式厌氧滤池的输水部分在滤池上方，污水从顶部进入滤池后均匀向下流到底部，污水中有机物与微生物反应产生的沼气能够产生一定的扰动，起到搅拌作用。这种反应器不易堵塞，但滤池底部的固体沉淀会影响滤池的运行。

厌氧生物滤池优点明显，污水通过滤料时接触面积大，污泥在设施中停留时间较长，处理效率高。滤池在处理污水时负荷率高，使滤池的容积减小，可降低容器建设成本。滤池在运行过程中会有气体产生，能够对污水进行搅动，使用的配水系统比较简单。采用厌氧生物滤池处理污水，污泥产生量少，一般不用进行污泥回流处理，操作简单方便。滤池稳定性好，机械强度高，不容易被腐蚀或产生破损，使用寿命长。厌氧生物滤池也存在一些不足，如填料的成本较高，由于滤料的孔隙率较低，在处理污水的过程中，残留的污泥容易将填料堵塞，且在处理完成后设施难以清洗干净，处理对象受到的限制多，因此，该设施需要继续改进升级（王军等，2013）。

2.2.2.4　UASB 反应器

UASB（Upflow Anaerobic Sludge Bed）反应器又叫作升流式厌氧污泥床，是由荷兰的 Lettinga 教授等在 20 世纪 70 年代开发的高效厌氧生物反应器。在反应器的底部有一个高浓度（可达 100～150 g/L）的活性污泥床，反应器的顶部设有三相分离器。

UASB 反应器工作时，需要处理的污水通过输水设施从反应器底部均匀进入，自下而上地通过污泥床，与污泥床接触后进行厌氧反应，分解污水中的有机物，生成的沼气可以促使反应器进行内部循环，最后上升进入三相分离器进行分离进而被收集。在污水与污泥床进行厌氧反应后，部分污泥与产生的气体附着在一起不断上升，最后在三相分离器内污泥与气体分离，污泥重新下降回到污泥床。集气室下方还设置了挡板，能够阻止带有污泥的气泡与污泥床接触，避免污泥沉淀产生扰动影响沉淀效果。反应器中最重要的设备是三相分离器，一般安装在反应器的顶部，通过三相分离器可以将反应器分为反应区和沉淀区两个区。UASB 反应器能够在提高反应效率的基础上实现固、液、气三相的分离，使沼气能够更好地被收集利用。

UASB 反应器首先有助于减少污泥的流失，保证污泥的浓度；其次，有机物分解产生的气体能够扰动污泥，增加了有机物与污泥接触的机会，同时能够避免污泥堵塞反应器；最后，UASB 反应器容积负荷率高、污泥产量低、能够回收沼气，可降低反应成本，实现污水的资源化利用。UASB 反应器也存在一些不足，比如独立使用不能有效除去污水中的 N 和 P。除此之外，UASB 反应器对水质和水力负荷变化比较敏感，耐冲击能力较差（钟丽媛，2012）。

2.2.2.5 膨胀颗粒污泥床（EGSB）

EGSB（Expanded Granular Sludge Blanket）学名为膨胀颗粒污泥床，是荷兰改进的第三代厌氧生物反应器。EGSB 的组成结构与 UASB 相似，也是由进水系统、厌氧反应区和三相分离器三部分组成，但 EGSB 在 UASB 的基础上做了改进，添加了回流系统，能够将出水进行回流。EGSB 的高度较高，通过增加高度减少了占地面积。EGSB 增加了污泥颗粒与污水的接触机会，提高了对污水的处理效率。

EGSB 可以对污水进行厌氧净化处理。污水通过进水系统进入反应器，与反应器中的污泥床进行接触时，污水中的有机固体会被污泥床中的厌氧微生物分解，生成小分子物质，同时产生沼气。污水中的有机固体与污泥床中的污泥接触后，膨胀污泥与污水进行充分接触，可加快有机物的分解速率，提高污水的处理效率。反应产生的沼气向上移动进入三相分离器，通过三相分离器的分离作用转移至集气室，可进行回收利用。在反应过程中，膨胀污泥床会与污水产生相对运动，所以会发生反应器内不同高度反应速率不同的情况；在反应器的底部，厌氧微生物与有机物相互作用的各种产物能够为微生物提供生存环境（向心怡等，2016）。

EGSB 有机负荷高，具有较大的高径比，占地面积小，可节约建设成本；EGSB 可实现污水回流，在处理高浓度污水时回流污水能够降低污水中有害物质的浓度，同时处理低浓度污水也具有显著效果；EGSB 具有内循环，耐高负荷，当进水浓度突然增加时，内循环量也随之变大，将高浓度污水快速稀释，可减少有机负荷对反应器的冲击。但由于 EGSB 负荷较高，所以工作能量消耗大。

2.2.2.6　内循环厌氧反应器（IC 反应器）

IC（Internal Circulation）反应器学名为内循环厌氧反应器，该反应器是荷兰成功研究的第三代高性能厌氧反应器，与前两代厌氧反应器相比，IC 反应器的工作效率明显提高，能耗下降，占地面积减小，极大地降低了制造和使用成本，受到了大众的认可。

IC 反应器在运行时，污水通过进水系统从反应器底部进入，与反应器底部的污泥进行混合形成泥水混合物，泥水混合物与反应器内高浓度的污泥进行接触，污泥中的厌氧微生物与污水中的大分子有机物发生反应产生沼气，大量的沼气带着少量的泥水混合物上升进入气液分离区。在气液分离区中，气体被收集，剩下的泥水则通过回流管进入反应器底部的混合区进行污泥回流。

IC 反应器作为第三代厌氧反应器的代表，具有容积负荷高、出水稳定性好、占地面积小、投资成本低等优点（朱友胜等，2021）。除此之外，IC 反应器能够通过反应产生的气体进行内循环，可以降低能耗，同时内循环能够稀释污水中的有害物质，使反应器耐冲击负荷能力增强，还能降低回流碱度，缓冲 pH。但 IC 反应器出水中含有的污泥颗粒相对较多，还需要进行沉淀处理，并且不适合处理 SS 较高的污水。

2.2.3　厌氧生物处理效果的影响因素

（1）温度

厌氧处理主要依靠厌氧微生物的代谢作用，而温度对厌氧微生物影响很大。厌氧细菌主要有高温细菌和中温细菌，所以厌氧反应适合在中温（35℃左右）和高温（55℃左右）条件下进行。高温条件下厌氧反应速率较快，能够产生大量气体，同时还能够消灭有害病菌，对污水进行有效的净化处理。随着厌氧处理技术的研发、升级，通过对技术方案的改进能够降低温度对厌氧反应的影响，从而降低厌氧生物处理的经济成本（邓睿等，2017）。

（2）pH

pH 能对厌氧微生物的生存造成巨大影响，是对厌氧微生物影响最大的环境因素。厌氧处理过程中的产甲烷菌对 pH 非常敏感，pH 过高或过低都会严重抑制产甲烷菌的活性，使整个厌氧处理过程都受到影响（王宇等，2020）。

（3）污泥龄

污泥龄能够体现出厌氧处理过程中微生物的存活状态、年龄结构、浓度等基本特征。同时污泥龄也决定了厌氧处理过程中反应器内污泥的浓度、污泥的增加量、污泥的活性和出水水质等（赵水钎等，2019）。

（4）水力停留时间

水力停留时间能够影响厌氧微生物与污水的接触时间，进一步影响厌氧处理的效率（夏新兴等，2006）。水力停留时间可以通过改变污水进入反应器的流速来调节，从而优化厌氧反应过程，当污水流速较高时，水流对污泥的扰动较大，可增加污水与污泥接触的机会，提高反应效率。但污水流速不能超过一定限值，否则将带走大量污泥，影响后续反应过程。

（5）营养与氮磷比

厌氧微生物与好氧微生物的营养需求不同，厌氧微生物对 N、P 等营养物质的需求量略低，但许多厌氧微生物自身不能合成一些必要的维生素和氨基酸，所以对 N、P 含量低的废水在反应器中需添加必要的营养物质（马磊等，2007）。

2.2.4 小结

厌氧生物处理法相对于好氧生物处理法来说具备更多的优势。首先，厌氧生物处理法反应器的能耗低，能够提高资源利用率；其次，厌氧生物处理法运行维护简单，成本较低；最后，厌氧生物处理法还能够产生沼气等清洁能源。在选择污水处理方法时应该考虑全面，首先要清楚污水中污染物的种类和浓度；其次要考虑污水处理厂的地理位置和处理过程中可能会遇到的问题，对其进行归纳总结；最后，还要注意对可能造成的环境污染进行预测和评估，以防造成二次污染。污水处理过程中要积累经验，为国内污水处理厂的建设、运行提供技术支持，不断地升级为成本低、效率高的处理工艺和方法（朱军平等，2017）。

2.3　污水好氧处理技术

2.3.1　概述

污水好氧处理是指在碳氮磷比、含水率和溶解氧等条件适宜的情况下，通过微生物的降解反应，将污水中的有机污染物分解，使出水水质达到排放要求的生化过程。在这个过程中，废水中的污染物质被微生物吸收、消化、分解，最终转化为能量和细胞物质，供微生物生长繁殖。污水好氧处理技术可分为活性污泥法（微生物悬浮生长于污水里）和生物膜法（微生物附着生长，形成以微生物为主体的生物膜）两大类（万莉，2016）。水中可生物降解的有机物、氮和磷等均可利用污水好氧处理技术将其除去，整体而言，好氧污水处理技术的出水水质较好，尤其是对于 BOD_5 低于 1 000 mg/L 的污水（张玲，2017），且只有较少的臭味产生，故在现代污水处理工艺中，好氧污水处理技术得到了广泛的应用。但无论何种好氧污水处理工艺，为污水提供溶解氧都是一个必要条件，因而在处理过程中曝气将会增加整个工艺的运行成本，并且产生的污泥也需要进一步处理。

2.3.2 污水好氧处理常用技术

2.3.2.1 活性污泥法

活性污泥法是指在有氧条件下，通过人工培养和驯化获得特定类型的微生物群体，这些微生物具有适应生化池污水环境的能力和生物降解功能，它们以水中胶体和有机物等污染物质作为碳源和能量源，再通过微生物的生化反应，对污水中的污染物质进行降解。这些微生物与水中的其他物质结合形成活性污泥，俗称菌胶团或絮凝体（任勇，2019），为微生物生长繁殖提供载体。相较于其他处理方法，活性污泥法起源最早、处理形式最为基础（张雪，2021）。传统的活性污泥处理基本流程见图 2-7，该种工艺流程存在一系列缺点，如不同空间的曝气量与耗氧量不匹配，导致 O_2 利用效率低，以及构筑物占地面积大等。鉴于传统活性污泥法存在上述缺点，学者们对其进行了一系列的改进，最终衍生出形式多样的改良型活性污泥法，其中大部分都是由传统活性污泥法变形得到，运行原理相近。

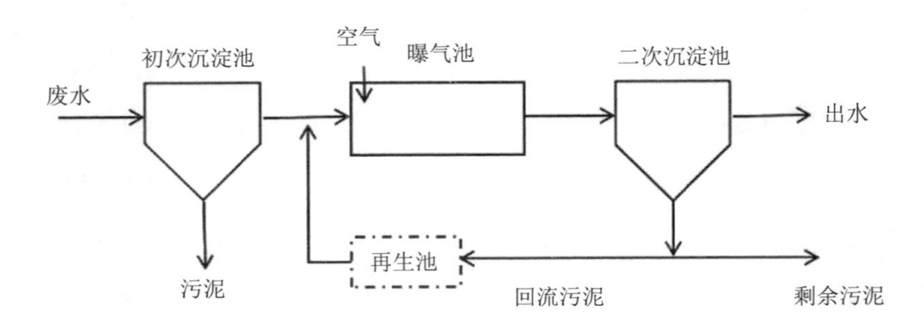

图 2-7 活性污泥法基本流程

2.3.2.2 推流式曝气池

传统的推流式曝气池结构如图 2-8 所示，污水以及回流的泥水混合物在转刷曝气设备的推力作用下，在池体内呈推流式向前流动。微生物以及曝气设备分布在整个池体内，进口端的有机负荷最高，随着微生物的不断氧化降解，有机负荷不断降低。推流式曝气池有一个明显的特征，就是污水中的底物浓度沿池长方向逐渐降低，池体出口端浓度达到最低值。

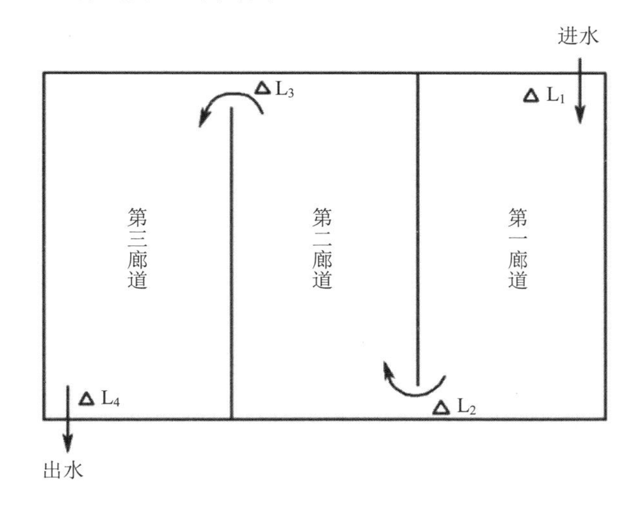

图 2-8 传统的推流式曝气池

注：$\triangle L_1$～$\triangle L_4$表示反应池内污水流通通道

传统的推流式曝气池在实际处理工艺中存在较为明显的不足，由于在整个池内污水呈推流式，使得进水端有机负荷高、出水端有机负荷低，但整个池体内不同空间的充氧效率一致，造成进水端充氧不足，污水处理效果会受到很大的影响，如果出水端充氧过剩，则会造成氧气的严重浪费。据不完全统计，曝气过程电力消耗造成的运行成本根据规模的不同占整个污水处理厂的50%～90%不等（Foladori et al.，2015）。针对这个问题，渐减曝气法和阶段曝气法相继被提出，通过改变充氧方式和进水方式来规避传统推流式曝气法的缺点。

渐减曝气法实际上是根据不同时段需氧量的不同来调整供气量，在进口处需氧量较高，故而提升该处的充氧率，在后端需氧量低的地方则相应减少，使得布气设备在整个池长方向呈递减的趋势。根据相关文献，渐减曝气过程的周期变化如图 2-9 所示。有学者研究发现，采用渐减曝气法很大程度上节约了能源消耗，除此之外，由于曝气量逐渐减少，污泥的沉降性能也会更加稳定（韦朝海等，2021）。

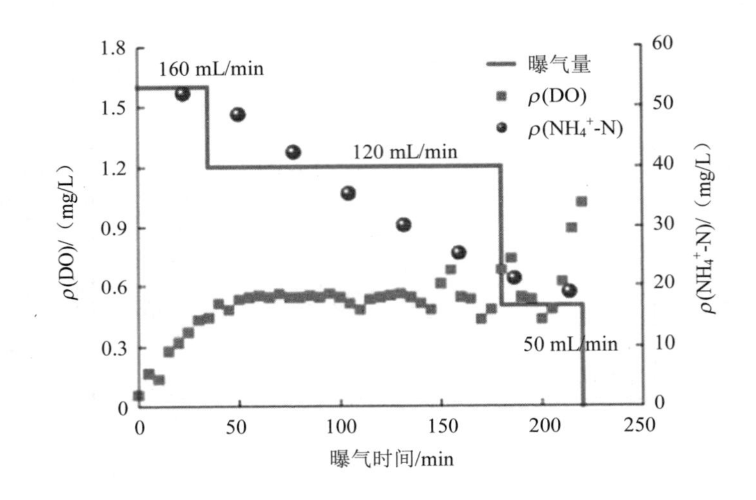

图 2-9 渐减曝气的周期变化

注：此图引自彭永臻等（2020）。

阶段曝气法又称多点进水法，这种方法同样是为了均衡曝气池内的有机负荷和需氧量，但阶段曝气法与渐减曝气法的不同在于，其改变的是进水方式而不是充氧方式，阶段曝气工艺中不止一个进水点，而是通过多个进水点均衡池体内的有机负荷。改变进水方式、设置多个污水进水口，很好地平衡了有机负荷，使得处理系统对有机负荷的分配更合理。

2.3.2.3 完全混合曝气池

完全混合曝气池是指污水在进入曝气池内的瞬间，在曝气设备产出气泡的冲击力以及搅拌的紊动作用下，污水立即与池内污水均匀混合（图 2-10）。与推流式相比，完全混合曝气池在池长方向上，无论是底物浓度还是充氧速率都基本保持一致，不会呈现递减的趋势。因此，在抵抗冲击负荷方面，完全混合式曝气池的适应性更强。王硕等（2017）的研究发现，完全混合式曝气系统的污染治理效果相对较为稳定，受冲击负荷影响较小，适应性较高，且较少会出现污泥膨胀等情况。

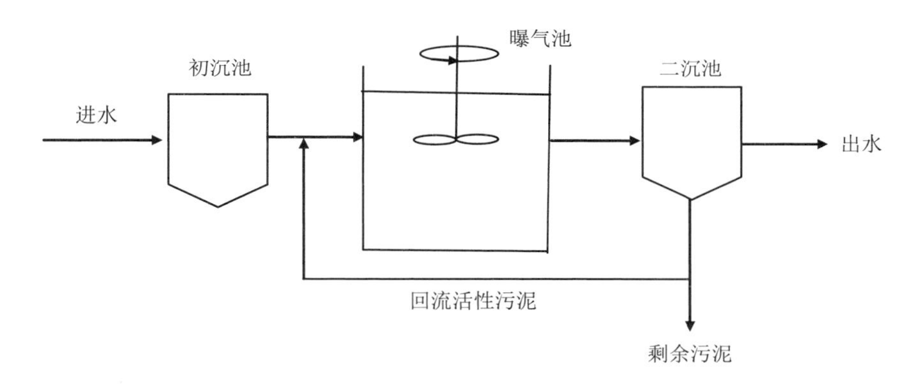

图 2-10　完全混合曝气池

2.3.2.4　封闭环流式反应池

封闭环流式反应池是指待处理的污水在进入反应池后，受到气体的搅动作用，污水和 O_2 迅速在池内均匀混合，之后污水便在封闭的池道内循环流动。封闭环流式反应池在流态上和混合方式上同时具备了推流式和完全混合式的特点，整个过程在短时间内呈推流状态，在长时间内却又体现着完全混合的特征。这种处理方法的优势在于污水在进入池后较短时间内就迅速混合均匀，同时可提高整个系统的抗冲击负荷能力。见图 2-11。

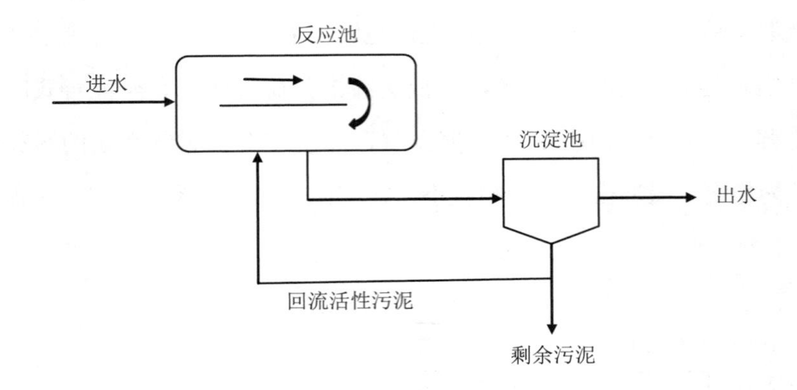

图 2-11　封闭环流式反应池

2.3.2.5　序批式曝气反应池

序批式曝气反应池，简称 SBR 工艺，这种处理方式是在同一个反应器内按顺序完成全部工艺流程，即一个反应器兼有沉淀池、曝气池的作用（黄子洪，2021），故具有所需反应池的数量少、占地面积小的优点，如图 2-12 所示。SBR 的结构较为简单，仅有一个池体，建设成本较低，且出水水质较稳定，抗冲击负荷的能力较强。缺点是排水时间较短（间歇排水时），在排水时不能搅动沉淀的污泥层，需要滗水器这种专门的排水器排水，而且对滗水器要求高。因为没有设置初沉池，产生浮渣较多。SBR 适用于处理水量小的情况。在设计 SBR 时，应根据实际情况来确定设计参数，如需氧量、污泥负荷、污泥龄等。整个工艺首先要确定是以脱氮还是除磷为主要目标，如果是脱氮，则应该选用低污泥负荷、低充水比的设计方式，除磷则相反。

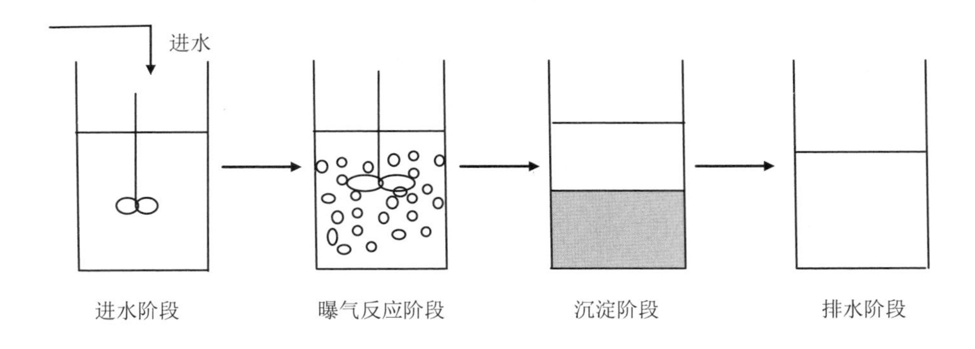

图 2-12　序批式曝气反应池

2.3.2.6　好氧生物膜法

从广义上讲，生物膜法是指微生物附着在生长基质上，通过不断繁殖生成膜状结构，用以处理污水的方法（乔茜茜，2019）。这一层膜以微生物为主体，也包括微生物自身产生的物质以及水体中吸附在微生物表面的物质，由此构成的膜称为生物膜。依据水的流动性以及含氧量可以将微生物分为四层，在生物膜表面流动的水层称为流动水层，附着在生物膜表面呈相对静止状态的水层称为附着水层，再往内以微生物为主体，根据含氧量的不同分为好氧水层和厌氧水层，水中的氧首先传递到好氧水层，由于不断被消耗，越往内 O_2 含量越低，故而形成厌氧水层。污水中的有机物质和可生化的物质首先到达好氧水层，在好氧水层被好氧菌吸收分解。在有充足的营养物质以及 O_2 的条件下，处于优势地位的好氧微生物持续生长繁殖，O_2 消耗量也随着生物量的增大而变得越来越大。从好氧水层往内，O_2 含量逐渐减少，在内部形成厌氧水层，厌氧细菌便在厌氧水层进行厌氧消化。由于厌氧水层的微生物长期处于 O_2 含量不足的内源消耗阶段，所以它的黏附性能较低，在水流的不断剪切作用下，非常容易脱落随着水流流出，旧的生物膜流出后，再长出新的生物膜，如此循环，从而实现生物膜的更换（龙源，2019）。生物接触氧化法、生物转盘处理法、曝气生物滤池、生物流化床等都是目前工程实践中常见的好氧生物膜法污水处理工艺。

（1）生物接触氧化法

生物接触氧化法是在生物接触氧化池内添加大量填料，微生物附着在填料载体上生长，逐渐形成生物膜，同其他好氧处理技术的原理一样，污水中的污染物质（也被称为底物）被载体上的微生物吸收并分解，用于新陈代谢和生长繁殖。该方法通过池底的曝气充氧设备为水体充氧，满足微生物对 O_2 的需求。由于曝气的作用，该方法在一定程度上是属于完全混合型的，故而受水质、水量的波动影响较小。该处理方法兼具活性污泥法和生物膜法两者的优点，污泥浓度高、运行费用低、易操作以及易维修；但是它的缺点也很明显，即池内填料之间的生物膜有时候会出现堵塞现象。生物接触氧化法是一种高负荷的生物处理技术，有机物容积负荷的高低直接影响该工艺的应用范围。生物接触氧化处理技术在工业水处理领域得到了十分广泛的应用，如造纸、医药、中水回用等领域。随着技术的提升，未来会有更多新型高效的生物接触氧化技术应用到污水处理工程中。生物接触氧化装置见图 2-13。

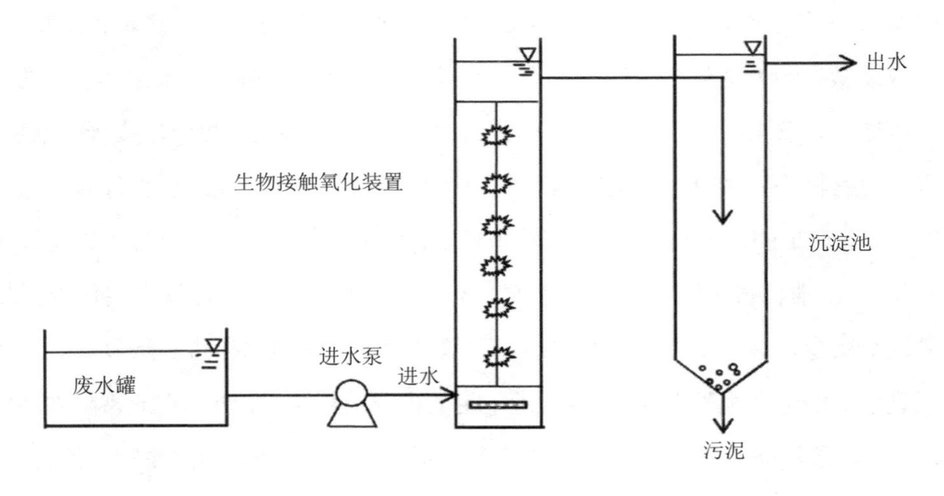

图 2-13　生物接触氧化装置

（2）生物转盘处理法

生物转盘处理法本质上是利用附着在转盘上微生物的代谢作用来进行有机物的降解。生物转盘（图2-14）和其他的生物膜法处理工艺一样，在投运之前都有培育和驯化微生物的过程，主要目的是筛选出适合在转盘上生长的微生物，此类微生物生长繁殖后形成生物处理的主体生物膜，可以在很大程度上提高处理效率。生物转盘与其他生物膜法最大的不同在于，不需要安装曝气设备，通过转盘的转动，实现空气充氧。微生物在水中吸附有机物，当其转动到空气中时吸收 O_2 进行反应，转盘每转动一圈，吸附分解的过程便被重复一次（周依玫，2018）。当生物膜慢慢变厚，由于 O_2 在生物膜上不断被消耗，O_2 传递效率越来越低，逐渐出现缺氧层，甚至厌氧层。缺氧层的出现又会有效地促进反硝化过程，进而促进污水中氮的去除（袁园，2019）。生物转盘的制成材料、盘面的转速、浸没比以及环境温度都会对处理效果产生影响。单级的生物转盘在污水处理中很难达到处理要求，通常情况下会采用多级生物转盘串联使用。此外，生物转盘法在能耗方面存在较大的优势，其抗冲击负荷的能力较强，而且没有污泥回流的环节，管理运营都较为方便。近几年的实践表明，生物转盘法在完全处理和预处理的使用上越来越常见。

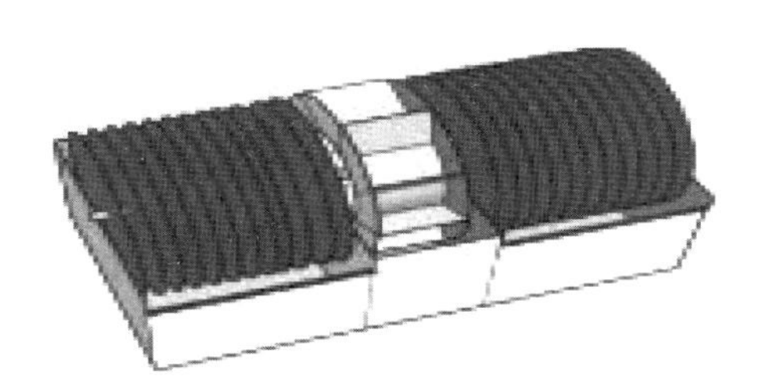

图2-14　生物转盘

（3）曝气生物滤池

曝气生物滤池（BAF）的池体底部装有曝气设备，池内的填料形成滤床，此外还有布水以及排水装置共同组成整个处理系统（图 2-15）。滤料是微生物的载体，对污水也有着一定的过滤作用，滤料的物理过滤作用和微生物的生物氧化作用，使得整个滤池结构更为紧凑，同时将颗粒物截流下来，也很好地避免了滤料的堵塞问题。曝气生物滤池具备运行成本较低、占地面积小等特点（BSWA et al.，2015），也存在着不足之处，首先，其进水水质必须经过预处理，尤其是对其中的 SS 的预处理要求较高，否则容易堵塞；其次，还存在较大的水头损失。

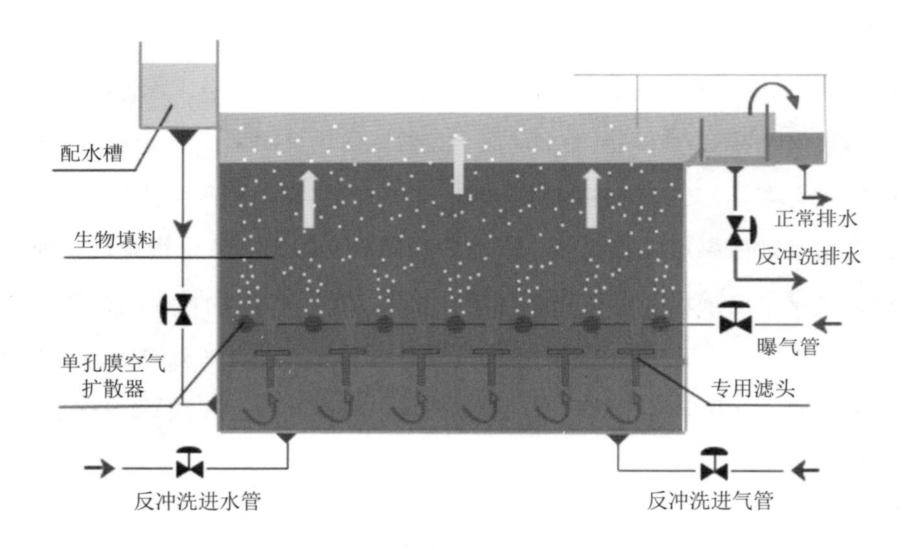

图 2-15 曝气生物滤池

（4）生物流化床

生物流化床处理工艺在原理上与其他生物膜处理工艺一样，由高分子聚合物载体上附着的生物膜对废水中的污染物进行吸收代谢。附着有微生物的载体位于流化床内，由下而上地进水，同样也是从流化床底部对流化床进行充氧，流化床内的微生物在气体和液体的作用下呈流化态，加大了单位时间内废水与生物膜的接触面积，使得空气、污水以及生物膜之间充分接触（图 2-16）。生化反应直接在流化床内进行，由于底部污水不断涌入，气、液、固三相充分搅动，载体之间也不断摩擦，黏附性能低的生物膜脱落，故利用生物流化床进行污水处理，不需要设置脱膜工艺。生物流化床相较于其他好氧生物处理技术，微生物与污水的接触面积大，因此微生物的生化反应更快，抗冲击负荷的能力也相应提高。其适用于可生化降解的有机废水的处理，主要是去除中低浓度的有机化合物，对各类生活污水和工业废水有良好的处理效果。

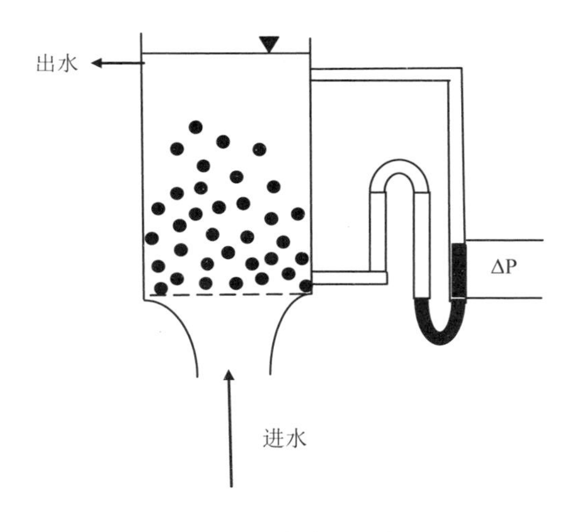

图 2-16　生物流化床

注：ΔP 表示压降

2.3.3　污水好氧处理效果的影响因素

（1）pH

在好氧处理技术中，因为发挥主体作用的是微生物的降解，所以 pH 的改变会直接或间接影响微生物生长所需酶的活性，而酶作为整个微生物活动的必备条件，它的破坏将造成整个生物体无法正常活动。每种微生物都有其最适合生长的 pH，一般来说，大多数细菌、藻类的最适 pH 为 6.5～7.5。在污水好氧处理时，如果 pH 不能满足微生物生存、生长的需要，可以人为调节 pH，控制水体环境，使得优势菌种得以生长繁殖、劣势菌种受到限制。为了降低 pH 对整个污水处理系统处理效果的影响，一般在生化反应池前设置调节池来均衡水质。

（2）温度

在好氧处理技术中，温度对处理效果的影响主要是通过微生物活性反映出来的。微生物体内的蛋白质、核酸等对温度的变化是十分敏感的，温度突然上升或下降超过一定的限度，会对微生物产生非常大的损害，导致微生物失活、休眠甚至死亡。研究表明，对于好氧处理技术，系统温度控制在 20～40℃范围内，微生物活性最佳。在不同地区和季节对温度的调控方法是不同的，在严寒地区一般都会对污水处理系统采取一定的保温措施，以保证微生物的活性；在炎热地区可通过加大曝气量或加一些遮挡阳光的物体来降低温度，从而保证微生物能够进行正常的新陈代谢和生长繁殖。

（3）营养组分

在好氧处理技术中，微生物以污水中的底物为营养物质，通过底物供给微生物生长繁殖所需的碳源和能量源。一般来说，微生物如果缺乏某种营养元素，可能会无法进行正常的新陈代谢、没有充足的能量来维持其正常的生命活动，从而严重影响污水的好氧处理效果。一般的生活污水含有较为丰富的营养元素，所以不需要额外补充其他元素，但对于营养组分比例不协调的工业废水，则需额外补充碳、氮、磷等元素。一般来说，微生物对污水养分需求比例为 BOD_5∶N∶P=100∶5∶1。除此之外，有时候还需要补充其他无机营养元素（钾、硫等）以及一些微量金属元素（铁、钼等）。

（4）溶解氧

溶解氧（简称 DO）在污水好氧处理过程中是至关重要的影响因素之一。如果没有充足的溶解氧，好氧微生物的代谢就会减慢，导致微生物不能够发挥正常的氧化分解作用，进而降低污水处理效果，甚至会造成整个污水处理系统中优势菌种转变为厌氧环境下生成的厌氧菌，进一步抑制好氧微生物的生长繁殖。但若过分充氧，又会增加污水处理的能耗。此外，过度的曝气，会造成水体的紊动过于剧烈，从而出现活性污泥破裂、生物膜脱落等情况。因此，为了避免溶解氧出现过高或者过低的情况，应选择较好的曝气供氧装备来保证污水的溶解氧处于一个合适的区间，根据相关经验得出，污水好氧处理一般要求水中溶解氧浓度不低于 2 mg/L。

2.3.4　小结

污水好氧处理方法最大的优点是对于不同水质的污水具有较好的适应能力，缺点是稳定性较差，若对影响因素控制不恰当，容易造成污泥丝状菌膨胀，并且出水水质、占地面积以及建设投资不同，好氧法处理工艺也会不同。传统活性污泥法的处理效果虽然不是很好，需要的占地面积也比较大，但它却具有建设成本相对较低的优势。使用较为广泛的 A^2/O 工艺，其出水水质较好、占地面积较小，建设投资处于中等水平。序批式活性污泥法的占地面积较其他处理工艺小，但相应的抵抗污水冲击负荷的能力较弱。活性污泥法存在经济成本高、能耗偏高、有大量剩余污泥的问题。生物膜法的抗冲击能力较强，出水水质较为稳定，在建设投资以及占地面积上都有一定的优势，但其存在生物膜清洗和反冲洗困难等问题（范江平等，2018）。所以污水处理工艺的选择不能单一考虑，需综合考虑多种影响因素，如污水进水水质、当地的气候条件、出水要求、建设成本等。只有将各种因素考虑周全，才能设计出从经济到技术各方面都适宜的处理工艺系统。

2.4 污水生物脱氮除磷技术

2.4.1 概述

农村生活污水存在水量小、成分复杂、污染源分散、收集困难的问题，生活污水中含有大量有机物、氮、磷、寄生虫卵、病原微生物等污染物，直接排放对环境及人体有极大的危害。根据住房和城乡建设部于2010年9月发布的东北、华北、东南、中南、西南、西北六个地区的《农村生活污水处理技术指南》中提供的农村生活污水水质数据，污水中氨氮浓度为20～40 mg/L，总磷浓度为2.0～3.0 mg/L。氮、磷浓度较高的生活污水直接排入天然水体，会导致水体富营养化，水中藻类和水生植物过量繁殖，水体中溶解氧被这些生物迅速消耗，导致水中某些生物因缺少O_2而死亡。生物脱氮主要是利用微生物的硝化、反硝化、同化、氨化作用进行脱氮，生物除磷则是通过污水中聚磷菌在厌氧条件下释放磷、好氧条件下超额吸收磷，最终以富磷污泥的形式从污水中分离出去。生物法脱氮除磷经济、发展潜力大，且处理后的生活污水具有良好的可生化性，也为污水中有机物的去除创造条件，因此目前多采用生物法进行生活污水脱氮除磷（梁绮彤等，2021）。

2.4.2 生物脱氮

2.4.2.1 生物脱氮原理[①]

生物脱氮过程就是氮的转化过程，主要包括同化、氨化、硝化和反硝化。

同化作用期间，污水中的一部分氮（氨氮或有机氮）被微生物吸收供自身细

① 此节参考鲁青璐（2016）。

胞生长发育。氨化作用阶段，污水中的有机氮被氨化菌分解、转化，释放出氨态氮。硝化作用阶段，硝化菌和亚硝化菌通过有氧呼吸将氨氮转化为硝酸盐。反硝化作用阶段，反硝化细菌厌氧呼吸以各种有机物（如 CH_4 等）为电子供体，以硝化过程中产生的硝酸盐或亚硝酸盐为电子受体，将硝态氮还原为 N_2，从而达到除去生活污水中氮的目的（杜丽飞等，2019）。

2.4.2.2 生物脱氮常用处理技术

（1）A_NO（前置缺氧—好氧）工艺[①]

A_NO 工艺将缺氧池设置在好氧池的前部，缺氧池的脱氮作用发生在好氧池除碳作用之前，使微生物能直接利用进水中的有机碳源进行脱氮反应，这样无须外加碳源或加少量碳源，同时使从曝气池回流而来的混合液中所含的硝酸盐氮汇入缺氧池，在缺氧池内发生反硝化，从而达到脱氮效果。见图 2-17。

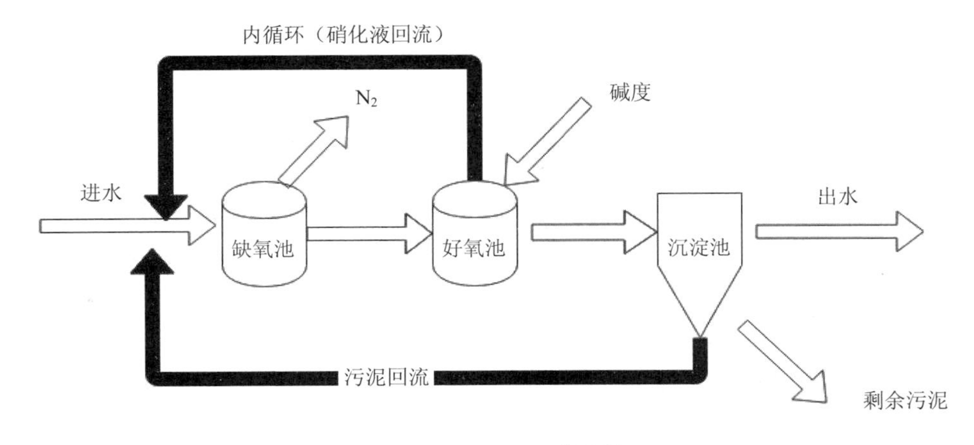

图 2-17 A_NO 工艺流程

该工艺中的核心反应单元为缺氧池和好氧池，其中缺氧池的主要功能是进行反硝化反应，即生活污水与好氧池末端回流回来的硝化液，以硝态氮为电子受体、

① 此节参考覃法（2016）。

有机碳源为电子供体，在反硝化菌的作用下，将硝化过程中产生的硝态氮、亚硝态氮还原为 N_2。反硝化菌是一种异养菌，异养菌不仅可降解污水中的分子有机物，同时可将不溶性有机物转换为可溶性有机物。缺氧池处理后的污水仍然含有大量的小分子有机物，进入好氧池后还需进一步微生物降解才能满足排放标准要求。好氧池的主要功能是利用好氧微生物将污水中的小分子有机物彻底降解为 CO_2 和水，同时，微生物在生长繁殖过程中会大量吸收污水中的磷，生成富磷污泥。

该工艺具有流程短、构筑物少、占地面积较小、建筑成本较低、污泥产量少等优点。将缺氧段置于好氧段前，可起到生物选择的作用，使活性污泥不易膨胀。反硝化能补充后续好氧反应所需的部分碱度，且一般不需要另外投入碳源，可直接将污水中的有机碳作为反硝化碳源。进水中含有的大量有机物和微生物内源代谢产物，可在反硝化过程中被充分利用，使 COD 去除效果更好。该工艺也存在一系列缺点，如出水中仍然含有硝酸盐氮，可能污染受纳水体、需要两个回流系统，增加了建设运行成本、对运维人员专业技术要求高，若运行不当，容易导致沉淀池内发生反硝化，造成污泥上浮。

运行过程中好氧池碱度须大于 700 mg/L（以 $CaCO_3$ 计），进水碱度不足时，应采取措施提高碱度；缺氧池污泥量建议不要超过好氧池污泥量，生活污水硝化池中溶解氧的含量在好氧池出口处应保持在 2 mg/L 以上，同时温度保持在 20～40℃，最低水温不低于 13℃，总凯氏氮（TNK）负荷小于 0.05 kg/（kgMLSS・d），反硝化池进水溶解性 BOD_5/TNK 不小于 4。

（2）三段生物脱氮技术

该工艺设置了独立的有机物的氧化分解、硝化以及反硝化的生化池及污泥回流系统，使各反应器中的生物处理过程在最适宜的条件下进行（图 2-18）。该工艺中硝化池的功能是利用硝化细菌进行氨氮的硝化反应，在反硝化池内，曝气池末端流入的硝化液与原污水相混合，反硝化过程中硝态氮接受有机碳源提供的电子，在反硝化菌的厌氧呼吸作用下，将硝态氮还原为 N_2。

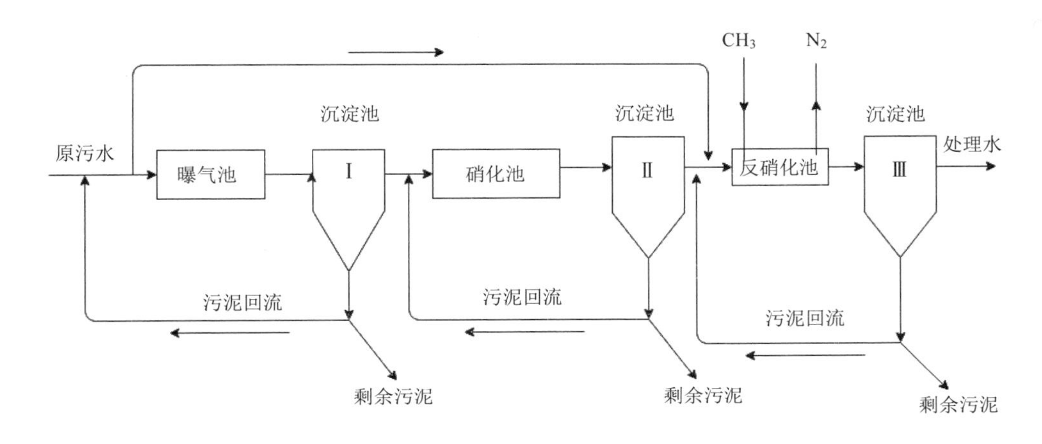

图 2-18　三段生物脱氮工艺流程

该工艺运行时反硝化池无须曝气，主要依靠硝酸盐提供的离子氧来保持反硝化池内的缺氧环境，同时利用潜水搅拌器缓速搅拌，使污泥悬浮于污水中与污水均匀混合。如果进水 COD 浓度过低，可添加甲醇或葡萄糖作为反硝化碳源。硝化池运行时需要保持必要的碱度，使硝化反应能够正常进行。

（3）CANON 工艺

CANON 工艺又名生物膜内自养脱氮工艺，是一种新型的生物脱氮工艺，该工艺从亚硝化和厌氧氨化中发展而来，在单个反应器或生物膜内通过控制溶解氧实现亚硝化和厌氧氨化，使生物膜内聚集的亚硝化菌和氨化微生物能同时生长，从而达到脱氮的目的。该工艺主要分为两个阶段，即 Sharon 阶段和厌氧氨化阶段。Sharon 阶段向反应器中曝气，氨氧化细菌以 O_2 为电子受体，将 NH_4^+-N 氧化为 NO_2^--N。在厌氧氨化阶段，厌氧氨氧化细菌以小部分 NO_2^--N 为电子供体合成无机碳源，大部分 NO_2^--N 转化为电子受体氧化 NH_4^+-N，产生 N_2 和少量的硝酸盐。

相较于传统的硝化、反硝化工艺，CANON 工艺能节省 62.5%的耗氧量而无须外加有机碳源，所有脱氮过程在单一反应器中进行，可节省建设费用，但该工艺运行控制较难，需要好氧氨氧化细菌和厌氧氨氧化菌协同作用。

2.4.2.3 反硝化影响因素[①]

反硝化影响因素主要有以下四种：

（1）温度

反应器控制在35～45℃反硝化效率最高，而温度对反硝化效率的影响程度受不同类型的反硝化设备及硝酸盐负荷的影响。

（2）溶解氧

必须保证反硝化池中无分子态氧存在，且氧化还原电位控制在50～110 mV，反硝化反应才能顺利进行，否则兼性厌氧反硝化细菌能优先利用污水中分子态氧进行有氧呼吸，降解含碳有机物，致使污水中硝酸盐的还原反应条件被破坏。此外，如果反应中存在分子态氧，无氧呼吸所需的酶的合成及活性会被抑制。

（3）pH

pH在6.5～7.5时反硝化细菌活性最高，过高或过低都会对反硝化菌的生长速率和反硝化酶的活性产生抑制。此外，pH还影响反硝化的最终产物，pH＞7.3时，反硝化反应的最终产物趋向于N_2，pH＜7.3时，会产生大量N_2O，造成二次污染。

（4）碳源

有充足的碳源，反硝化反应才能顺利进行，反硝化反应速率也会受碳源类型（成分）及含量的影响。甲醇、乙醇、小分子有机酸等作为碳源其效果较好，反硝化速率较高；而当碳源成分为城市污水或内源代谢物质时，反硝化速率则相对较低。

① 此节参考董树杰（2016）。

2.4.3　污水生物除磷

2.4.3.1　代表性处理工艺

（1）A_pO（厌氧—好氧）

污水生物除磷，即聚磷菌首先在厌氧条件下将污水中的有机磷以磷酸盐形态释放于泥水混合液中，然后在好氧条件下摄取超过其本身代谢所需的磷，产生并贮藏大量多聚磷酸盐即聚磷污泥，最终通过污泥排放达到除磷目的。因此，厌氧段释放磷是好氧吸收磷及最终除磷的前提条件。

A_pO（厌氧—好氧）工艺处理流程主要包括厌氧、好氧、沉淀三个阶段（图 2-19），其中，在厌氧阶段，污水中的溶解性有机物被兼性厌氧微生物通过发酵转换为小分子有机物，来自原污水的或者厌氧区产生的小分子有机物被聚磷菌吸收，利用聚磷菌水解及细胞内糖的酵解产生的能量，将其运送到细胞内进行同化作用，从而促成磷酸盐的释放。在好氧阶段，聚磷菌超量吸收磷，磷的吸收和聚磷的合成所需能量来自细胞内能源物质的氧化分解及细胞代谢，高能磷酸盐作为能量形式被捕集存储，从而去除污水中的磷酸盐。好氧阶段产生的富磷污泥在沉淀阶段从沉淀池排出，从而将磷随同排出。

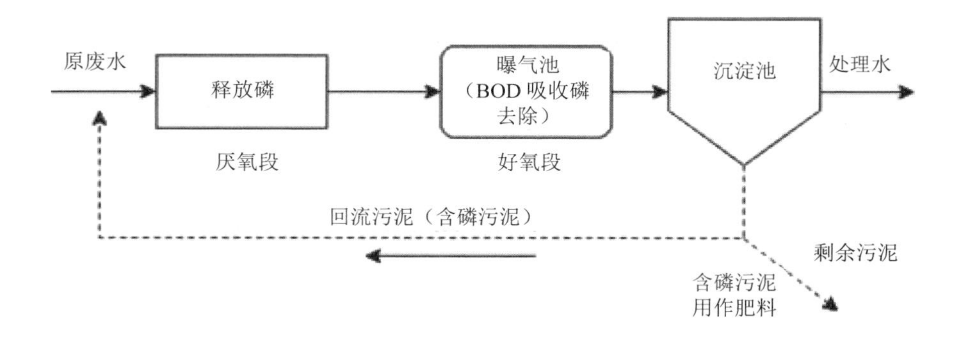

图 2-19　A_pO（厌氧—好氧）生物除磷工艺流程

A_pO 工艺流程简单，无须加药及内循环，有利于好氧（厌氧）状态的保持，反应池内的水力停留时间需根据污水水质合理设置，生活污水厌氧池的水力停留时间一般为 1～2 h，好氧池水力停留时间一般为 5～10 h。厌氧池先于好氧池，能够有效抑制丝状真菌的生长，污泥的沉淀更彻底，不易发生丝状膨胀，且能够降低好氧池的有机负荷。A_pO 除磷效果较好，处理后的生活污水中的磷含量可小于 1.0 mg/L，沉淀污泥含磷量在 2.5%以上，但其对污水中磷的去除率也是有一定限度的，而且当污泥长时间停留在沉淀池内易发生释磷反应，导致磷的去除率下降。

A_pO 工艺厌氧阶段对厌氧环境要求较高，原污水中的有机物与活性污泥混合，活性污泥中的聚磷菌释放出无机磷，释放出磷之后，才能在后续好氧池内的反应过程中摄取磷，从而达到除磷的目的。污泥不能长时间停留在沉淀池内，须及时清理，否则会因沉淀池内缺少溶解氧而导致污泥中发生聚磷菌厌氧释磷，从而影响除磷效果。

（2）Phostrip 除磷工艺

Phostrip 除磷工艺又名侧流除磷工艺，是由传统活性污泥工艺改造而来，其主要特点是在传统活性污泥法的污泥回流过程中，增设厌氧磷释放池以及化学反应沉淀池，厌氧磷释放池内释放的磷随回流污泥的上层清液流入化学反应沉淀池，富磷上层清液中的磷在化学反应沉淀池内通过沉淀剂沉淀处理后，进入另一独立沉淀池进行固液分离，最终磷以化学沉淀物的形式从系统中去除。来自原生物处理工艺的厌氧污泥进入厌氧磷释放池，聚磷菌在此释放细胞内的磷。磷被释放后随上层清液进入化学反应沉淀池，混合液中的 PO_4^{3-}与反应池内的石灰等进行沉淀反应，生成含磷固体颗粒，最终以含磷污泥的形式被排出。见图 2-20。

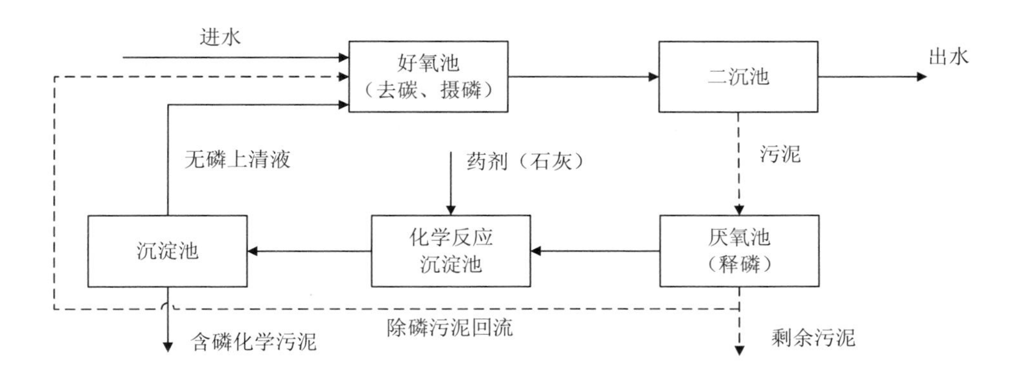

图 2-20　Phostrip 除磷工艺流程

Phostrip 工艺的除磷率可高达 98%，出水磷含量低，在设计合理的情况下，出水磷含量可低于 1 mg/L；最终排出的剩余污泥中的磷含量高达 2.1%～7.1%，生活污水处理污泥用作含磷化肥肥效好。沉淀池中 SV 值（污泥沉降比）一般低于 30%时，污泥不易膨胀，容易沉淀、脱水。Phostrip 工艺增加了除磷侧流旁路和化学反应沉淀池，因此建筑投资费用稍高，但是它产生污泥量少，且无须对剩余污泥进行浓缩，减少了污泥处置方面的投入，运行费用显著降低。大多数生物除磷的工艺都能取得较好的效果，但都是针对含有较多易生物降解的有机物的城市生活污水，对于温度较低、可生化性较差的生活污水，生物除磷的效果不好，而 Phostrip 工艺对这类污水的处理能达到较好的除磷效果。

2.4.3.2　生物除磷效果影响因素①

（1）溶解氧

厌氧状态是生物除磷的必要条件，污水中不含溶解氧有利于聚磷菌无氧呼吸释磷能力的提高，同时有利于有机质合成 PHB（聚-β-羟丁酸）。好氧区的溶解氧要控制在 2.0 mg/L 左右，聚磷菌释磷合成的 PHB 需要有充足的溶解氧支持，其

① 此节参考董树杰（2016）。

产生的能量才能够满足摄取过量磷所需。

（2）pH

pH在6～8时，厌氧释磷过程稳定，pH低于6.5时聚磷菌活性降低，不利于厌氧释磷及好氧吸磷，除磷效果降低。

（3）厌氧区硝态氮

如果厌氧区存在由硝酸盐氮和亚硝酸盐氮组成的硝态氮，硝态氮会消耗有机物，进而使聚磷菌的释磷作用被抑制，最终对好氧区聚磷菌的吸磷作用产生不利影响。另外，部分生物聚磷菌会利用硝态氮进行反硝化反应，间接影响后续发酵反应，使磷的释放及PHB的合成被抑制。

（4）温度

不同温度对除磷作用的影响不如对脱氮作用的影响明显，在中、高、低温条件下，都有可进行除磷作用的菌群。除磷作用在5～30℃下进行都能得到较好效果，但在低温条件下为了保证发酵作用的效果，需要适当延长水力停留时间。

（5）污泥龄

剩余污泥中的聚磷菌释放出大量磷，因此剩余污泥量是除磷效果的决定因素，而污泥龄是活性污泥摄磷量及剩余污泥排放量的直接影响因素。通常污泥龄越短，好氧段硝化作用越容易控制，厌氧段释放磷越充分，污泥中磷含量越高，排放出的剩余污泥越多，除磷效果越好。

2.4.4 污水生物脱氮除磷技术的发展趋势

随着污水排放管理不断严格，以及污水排放标准不断提升，对污水生物脱氮除磷技术的开发也在飞速发展。目前生物脱氮除磷技术没有新的理论出现，只能以现有工艺相组合的方式提高污水处理的脱氮除磷效果，今后还需更深入地研究深化脱氮除磷的基础理论，在现有工艺基础上开发出新的应用途径，开发出更高效、更经济的脱氮除磷组合工艺；同时以节约碳源、减少CO_2排放为目的，对污水生物脱氮除磷工艺进行改进，使生物脱氮除磷组合工艺能够减少剩余污泥排放，从而实现氮磷回收和尾水回用。

2.4.5　污水同步生物脱氮除磷技术

2.4.5.1　概述

随着农村城镇化的加速和居民生活水平的提高，农村生活污水排水量越来越大，其中的氮、磷等污染物含量越来越高，导致水体的藻类及浮游生物过度繁殖，消耗水体中的溶解氧，从而使水体的鱼类和其他水生生物因缺氧致死，水生态平衡受破坏，生物多样性降低，水质恶化。前面分别介绍了污水生物脱氮和生物除磷技术的原理及代表性工艺，如果生活污水同时含有氮、磷类污染物，单一的生物脱氮技术或生物除磷技术不能满足污水处理要求，必须采用可同时去除氮、磷污染物的污水处理技术（同步生物脱氮除磷）。污水同步生物脱氮除磷的技术有物理法、化学法和生物法。物理法、化学法过程复杂、运行成本高，容易产生二次污染等问题。生物法因具有运行简便、运行成本低等优点，被广泛应用。

从 20 世纪 60 年代开始，国外就对污水脱氮除磷的物理方法进行研究，后来因为物理法存在药耗量大、污泥多、运行费用高等因素，不适用于城市污水处理厂（王麒，2015）。20 世纪 70 年代，国外开始研究活性污泥法生物脱氮除磷技术，而我国从 80 年代才开始研究，并将此技术应用于工业中。目前，常用的生物脱氮除磷工艺有 A^2/O 法、SBR 法、UCT（MUCT）、氧化沟法等（王莎，2019）。

在生物脱氮除磷工艺中，厌氧池的主要功能是通过聚磷菌释放磷，使污水中的磷浓度升高，溶解性的有机物被微生物细胞吸收而使污水中的 BOD 下降。另外，氨氮因细胞合成而被去除一部分，使水中氨氮浓度下降，但污水中的总氮浓度不变。在缺氧池中，反硝化细菌利用污水中的有机物作为碳源，将好氧池回流液中的硝态氮还原为 N_2 从水中逸出，水中氨氮和 BOD 含量均下降。在好氧池中，有机物含量因被微生物生化降解而下降，有机氮被氨化继而被硝化；磷随着聚磷菌的过量摄取被转化到生物体中，然后随着剩余污泥排出从水中去除（邵煜，2015）。同步生物脱氮除磷技术具有去除有机物、氨化、硝化、反硝化脱氮、厌氧释放磷、好氧吸收磷等功能，即在同一个工艺中完成生物脱氮除磷。

2.4.5.2 常用污水同步生物脱氮除磷工艺

（1）A^2/O 工艺

A^2/O（厌氧—缺氧—好氧）是根据微生物的特性而开发的最典型、最原始的除磷脱氮工艺。A^2/O 工艺由厌氧池、缺氧池、好氧池构成，其工艺流程如图 2-21 所示。

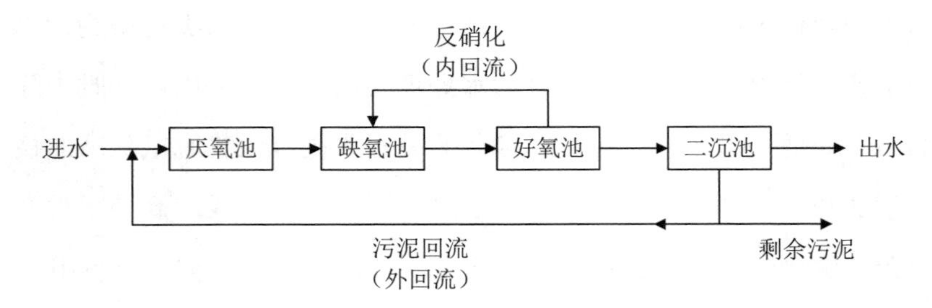

图 2-21　A^2/O 工艺流程

在 A^2/O 生物脱氮除磷系统的活性污泥中，菌群主要由硝化细菌、反硝化菌、聚磷菌组成。在好氧阶段，好氧池的氨氮及有机氮在硝化细菌的硝化作用下，转化为硝酸盐；在缺氧阶段，反硝化细菌将好氧池回流的硝酸盐通过生物反硝化作用，转化为 N_2，从而达到脱氮的效果；在厌氧阶段，聚磷菌在厌氧的条件下释放磷，并吸收易降解的有机物。在好氧阶段，聚磷菌在有氧的条件下吸收磷，并通过剩余污泥的排放，达到除磷的目的。

A^2/O 工艺可以同时实现有机物的去除、反硝化脱氮、磷的过量摄取而被去除等功能，适用于需要脱氮除磷的大型城镇生活污水处理厂（鲍任兵等，2021）。经预处理的污水与沉淀池回流的含磷污泥一同进入厌氧池，通过聚磷菌在厌氧的条件下释放磷，同时有机氮发生氨化反应；缺氧池内反硝化细菌利用污水中的有机物作碳源，将好氧池回流的硝酸盐氮还原为 N_2，从而减少污水中的 BOD 和硝酸盐氮。污水中的有机物被微生物生化降解，有机氮被硝化细菌氨化继而被硝化，再利用聚磷菌摄取磷，从而去除 BOD、磷并为缺氧池的反硝化提供氮源。为实现泥水分离，一部分污泥回流至厌氧池，剩余污泥排出。A^2/O 脱氮除磷工艺主要设计参数见表 2-1。

表 2-1　A^2/O 脱氮除磷工艺主要设计参数

项目	数值
BOD_5 污泥负荷 Ns/[kgBOD_5/（kgMLSS・d）]	0.13～0.2
TN 负荷/[kgTN/（kgMLSS・d）]	＜0.05（好氧段）
TP 负荷/[kgTP/（kgMLSS・d）]	＜0.06（厌氧段）
污泥浓度 MLSS/（mg/L）	3 000～4 000
污泥龄 θ_c/d	15～20
水力停留时间 t/h	8～11
各段停留时间比例 A∶A∶O	（1∶1∶3）～（1∶1∶4）
污泥回流比 R/%	50～100
混合液回流比 $R_{内}$/%	100～300
溶解氧浓度 DO/（mg/L）	厌氧池＜0.2≤0.5，好氧池=2
COD/TN	＞8（厌氧池）
TP/BOD_5	＜0.6（厌氧池）

（2）SBR 污水处理工艺

SBR 污水处理工艺是按间歇曝气方式来运行的活性污泥污水处理技术，又称序批式活性污泥法，它的主要特征是在运行上的有序和间歇操作。SBR 技术的核心是 SBR 反应池，该池集均化、初沉、生物降解、二沉等功能于一体，无污泥回流系统，其处理工艺流程见图 2-22。

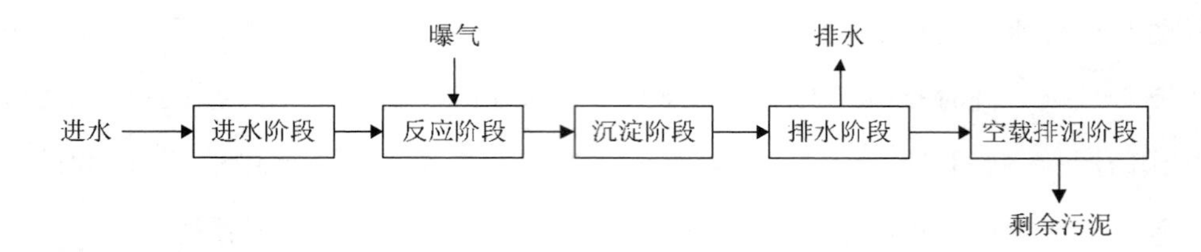

图 2-22　SBR 工艺流程图

经预处理的污水连续进入反应池中，直到达到最高运行液位。反应池反应阶段既不进水也不排水，关闭进水口、排水口，并开启曝气系统进行曝气，使池内污染物进行生化分解。反应池沉淀阶段不进水也不排水，保持静沉淀状态，以便于泥水分离。排水期将分离出的上清液排出。空载排泥阶段反应池不进水，沉淀分离出的活性污泥，一部分按要求作为剩余污泥排放，另一部分作为菌种留在池内，为进入第一阶段工作做准备。该工艺适用于中小型城镇生活污水处理厂和厂矿企业的工业污水处理，尤其是污水间歇排放和流量变化较大的情况。

进水期经预处理的污水连续进入反应池中，直到达到最高运行液位。生化反应阶段需根据反应的目的选择曝气或搅拌（好氧反应或缺氧反应）。沉淀阶段相当于二沉池，其间停止曝气或搅拌，并实现污泥和上清液分离，沉淀时间一般为1.0～1.5 h。排水期将分离出的上清液排出，直至水位降至开始时的最低水位。空载排泥期反应池不进水，沉淀分离出的活性污泥，一部分按要求作为剩余污泥排放，另一部分作为菌种留在池内，为下一周期创造初始条件。改变进水流量时需注意观察污泥性状以及记录其适应时间，为下次流量变更提供理论参数。当污泥沉降体积≥30%时，需加强排泥，将其控制在 20%～30%为宜。

SBR 脱氮除磷工艺主要设计参数见表 2-2。

表 2-2　SBR 脱氮除磷工艺主要设计参数

项目	高负荷	低负荷
BOD_5 污泥负荷/[kgBOD_5/（kgMLSS・d）]	0.1～0.4	003～0.05
排出比/（1/m）	1/4～1/2	1/6～1/3
污泥浓度 MLSS/（mg/L）	1 500～2 000	3 000～4 000
安全水深 *h*/cm	50	50

（3）UCT 工艺

UCT（University of Capetown）工艺是南非开普敦大学提出的一种脱氮除磷工艺，是一种改进的 A^2/O 工艺，反应池由厌氧池、缺氧池、好氧池三部分组成，污泥回流至缺氧区，并增加了从缺氧段至厌氧段的缺氧混合液回流，使污泥经缺氧反硝化后再回流至厌氧区，减少了回流污泥中的硝酸盐含量，尽量避免了硝态氮对厌氧释磷的影响。其工艺流程如图 2-23 所示（黎莎，2017）。

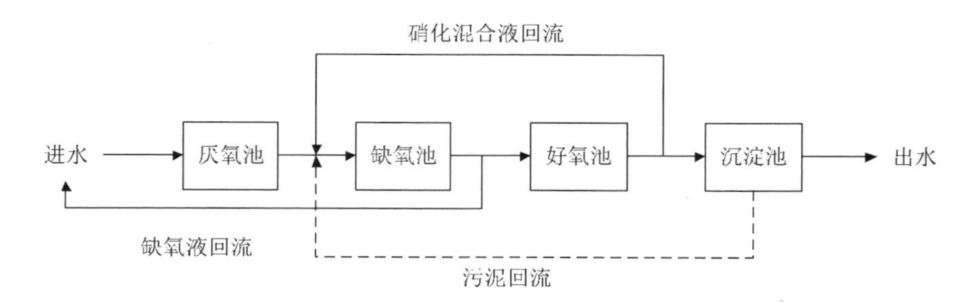

图 2-23　UCT 工艺流程

在 UCT 工艺中，厌氧池进行磷的释放和氨化，缺氧池进行反硝化脱氮，好氧池用来去除 BOD_5、吸收磷以及硝化。其流程主要包括污水流入、厌氧处理、缺氧处理、好氧处理、缺氧液回流、混合液回流、污泥回流等。预处理污水和含磷回流污泥进入厌氧反应池进行磷的释放，同时溶解性有机物被微生物吸收；缺氧池阶段，以污水中的有机物为碳源，再利用回流硝化混合液中的硝酸盐进行反硝化脱氮；污水进入好氧池阶段，进一步去除 BOD_5，进行硝化反应并利用聚磷菌对污水中的磷过量吸收；在沉淀池中进行泥水分离，富磷污泥通过剩余污泥排出，把磷排出处理系统，达到生物除磷的目的。

厌氧池功能：经预处理进入厌氧池的原污水和含磷回流污泥进入厌氧反应池进行磷的释放，同时溶解性有机物被微生物吸收。

缺氧池功能：利用污水中的有机物为碳源，再利用回流硝化混合液中的硝酸盐进行反硝化脱氮。

好氧池功能：利用微生物进一步去除 BOD_5，进行硝化反应并利用聚磷菌对污水中的磷过量吸收。

沉淀池功能：主要进行泥水分离，富磷污泥通过剩余污泥排出，把磷排出处理系统，达到生物除磷的目的。

UCT 脱氮除磷工艺主要设计参数见表 2-3。

表 2-3 UCT 脱氮除磷工艺主要设计参数

项目	数值
BOD_5 污泥负荷 Ns/[kgBOD_5/（kgMLSS·d）]	0.05～0.15
污泥浓度 MLSS/（mg/L）	2 000～4 000
污泥龄 θ_c/d	10～18
水力停留时间 t/h	1～2
厌氧：缺氧：好氧	（1：2：6）～（2：3：14）
污泥回流比 R/%	40～100
好氧池混合液回流比 $R_{内}$/%	100～400
缺氧池混合液回流比 $R_{内}$/%	100～200

2.4.5.3 同步生物脱氮除磷工艺存在的问题及解决措施

（1）碳源竞争

在 A^2/O 工艺中，释磷、反硝化的反应速率与易降解的碳源有关，尤其与挥发性有机脂肪酸的数量有关。聚磷菌先利用污水中的碳源进行厌氧释磷，导致缺氧阶段的反硝化碳源不足，从而影响脱氮效率，即聚磷菌和反硝化菌存在碳源竞争问题（蒙小俊等，2020）。这种问题通常出现于低浓度有机废水处理，尤其是生活污水处理中，可通过取消初沉池或将初沉池替代为酸化池以及外加碳源的方法解决，增加进水易降解 COD 的浓度，也可以采取合理分配释磷、反硝化的碳源等措施来解决。传统脱氮除磷工艺应优先考虑释磷，将厌氧阶段提在工艺的前端，缺氧阶段后置。

（2）污泥龄

在 A^2/O 工艺中，聚磷菌和反硝化细菌均为短污泥龄细菌，反硝化速率与污泥龄有关，污泥龄越短反硝化速率越快，除磷效果越好。硝化细菌为长龄污泥细菌，污泥龄过短会导致硝化细菌大量外排流失而影响硝化反应。如果所有构筑物的污泥龄保持一致，势必会引起释磷、反硝化、硝化等不同阶段污泥龄要求不同的矛盾（车万锐等，2016）。缓解这种矛盾可采取以下办法：增设中间沉淀池，建两套污泥回流系统，将不同污泥龄的微生物分前后两级，第一级为短龄污泥，主要用于除磷，第二级为长龄污泥，主要用于脱氮；也可在好氧区投放填料，硝化细菌可附着栖息在填料表面不参与污泥回流。

（3）硝酸盐

在传统生物脱氮除磷工艺中，厌氧阶段前置，污泥回流过程中将部分硝酸盐带入厌氧区，因硝酸盐的存在严重影响聚磷菌的释磷效果，特别是在进水中挥发性脂肪酸较少、污泥含磷量不高的情况下，硝酸盐的存在会导致聚磷菌直接吸磷。解决硝酸盐问题的关键是如何在污泥回流进入厌氧阶段之前，去除污泥携带的硝酸盐，故而，第一种途径，可在污泥回流进入厌氧阶段之前，先进入附设的缺氧池，利用污泥自身的碳源将回流污泥携带的硝酸盐去除；第二种途径，可通过外加碳源或引入一部分污水来提高附设缺氧池的反应速率（梁绮彤等，2021）。如果没有外加碳源，其反硝化实际上多属内源代谢，因此反硝化速率不高。

2.4.5.4 改良型同步生物脱氮除磷工艺介绍

（1）改良 A^2/O 工艺

改良 A^2/O 工艺是在 A^2/O 工艺的厌氧池前增设预缺氧池，其工艺流程见图 2-24。

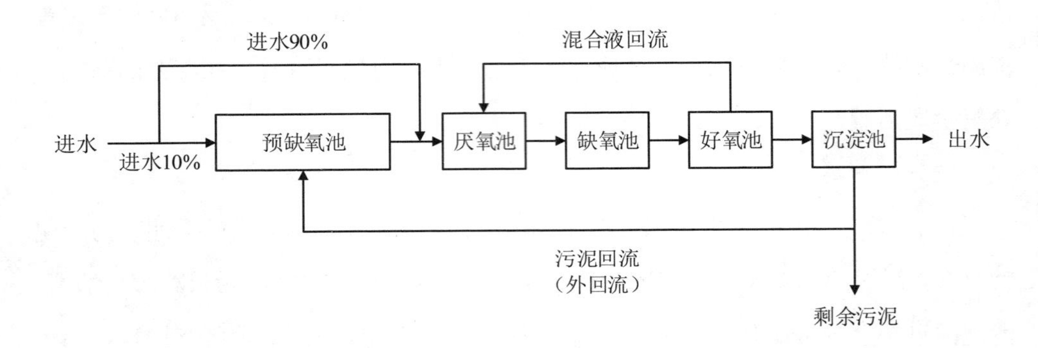

图 2-24 改良 A^2/O 工艺流程

污水进入最前置的预缺氧池进行反硝化反应，反硝化细菌能够充分利用水中的有机物作为碳源，将水中的硝态氮、亚硝态氮转换成 N_2 释放到空气中，完成总氮的去除；随后污水进入厌氧池进行磷元素的释放；最后污水进入好氧池，进行磷元素的吸收及有机物的进一步降解（马智明，2018）。

改良 A^2/O 工艺主要是为了改善传统 A^2/O 工艺中硝酸盐对聚磷菌释磷的影响。为减少回流污泥对厌氧池的影响，可在厌氧池前面增设预缺氧池，形成回流污泥预脱硝区，使回流污泥首先进入预脱硝区，以降低硝酸盐对厌氧释放磷的影响；还可采用分段式进水，控制厌氧区聚磷菌、缺氧池反硝化细菌对碳源的竞争。

（2）改良 UCT 工艺

改良 UCT 工艺是在 UCT 工艺的厌氧池和缺氧池之间增设缺氧池，其工艺流程如图 2-25 所示。

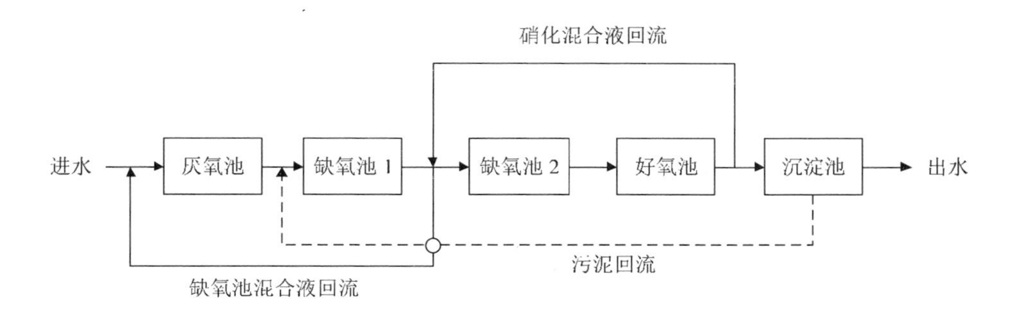

图 2-25 改良 UCT 工艺流程

厌氧池的污水在聚磷菌的作用下进行磷的释放，同时溶解性有机物被微生物吸收。在缺氧池 2 阶段，反硝化菌以污水中的有机物为碳源，再利用回流硝化混合液中的硝酸盐进行反硝化脱氮；污水进入好氧池阶段，进一步去除 BOD_5，进行硝化反应并利用聚磷菌对污水中的磷过量吸收；在沉淀池中进行泥水分离，富磷污泥通过剩余污泥排出，把磷排出处理系统，整个工艺系统达到生物脱氮除磷目的（魏春飞，2021）。沉淀池的污泥回流到缺氧池 1 阶段，减少回流污泥中硝态氮、亚硝态氮对厌氧释磷的不利影响，克服 UCT 工艺不易控制缺氧段的停留时间（黄丹丹，2019）问题。

2.4.5.5 污水同步生物脱氮除磷技术发展趋势

在生物脱氮方面，应加强高效硝化细菌、异养硝化菌、反硝化菌分离、筛选及应用的研究，特别是适用于低温、低氨氮浓度的菌株分离筛选。在生物除磷方面，应充分利用现代分析检测技术深入研究除磷微生物的生物化学代谢机制，明确生物除磷机理。随着现代技术的发展，对污水生物脱氮除磷技术的研究越来越深入，主要向微生物性能和工艺改革方向发展，主要目的是提高生物脱氮除磷的效率和降低能量消耗。在同步生物脱氮除磷工艺中，由于聚磷菌释磷和反硝化菌的反硝化过程存在碳源竞争，因此，需注重工艺的改进，合理分配释磷和反硝化所需要的碳源，为同步生物脱氮除磷创设好的环境；还应加强反硝化有机碳源的研究，探索加快反硝化速率的方法，进而提高生物脱氮效率；针对硝化菌和聚磷菌的污泥龄矛盾，可以建设两套污泥回流系统，使不同泥龄的微生物居于前后两级避免冲突；合理利用微生物动力学特征，可实现硝酸菌和亚硝酸菌的动态竞争。

2.5 污水生态法处理技术

2.5.1 概述

我国经济近年来高速发展，许多产业日益工业化、高科技化，同时也面临工厂污水乱排放、排放不达标等水污染问题。然而，目前国内的污水处理技术尚在发展完善阶段，无法满足污水处理要求，比如生物处理技术中的活性污泥工艺，虽然发展已久，在污水处理中发挥着至关重要的作用，但其主要处理对象是有机污染物，对于处理氮、磷等物质效果不显著，且容易造成水体富营养化等问题。传统污水处理技术存在投资大、人工成本高问题，因此，研究开发成本低、处理效率高、对环境无污染或二次污染影响小的污水处理技术是我国目前污水处理领域的主要发展方向。

污水生态处理法（以下简称生态法）利用土壤-植物-微生物-动物组成复合系统处理污水，其基本原理是因地制宜地最大限度利用生态系统的自净能力进行处理，处理核心是系统内的自净能力。与传统二级处理厂处理污水不同，生态法在处理过程中不需要投放任何化学药剂，选择适合进行生态法的土地，再根据不同的特征污染物来选择系统内的构成成分（植被、微生物群落、细菌等）。人工选择系统内的组成成分对特定污染物的处理具有针对性和目的性，能够在自然环境中清除和处理污染物质，污水流入带来的污染物成为系统内的物质来源，参与系统内的生物物质循环，系统内的组分如植被、微生物等能够不依赖外界因素生存于系统中。生态法最大的优点就是利用生态系统的自净能力，通过人为调节生态系统的组成成分，使自净能力达到最优化，在不破坏自身生态稳定的情况下最大限度去除污染物，并且不会发生二次污染。生态法适宜处理的污水类型有未经处理的城市雨水、养殖废水、生活污水等低浓度废水。其缺点是处理过程受自然环境因素影响，尤其是暴雨、暴雪等极端天气对系统内的处理能力影响较大。在工程实践应用中，部分工业地区可采用生态法-公园的组合形式，在处理污水的同时带来环境收益。

2.5.2 人工湿地

2.5.2.1 概述

人工湿地系统由阳光、非生物物质（流入的污水）、生产者（陆生植物和水生植物等）、消费者（小型动物）、分解者（微生物群落等）构成。人工湿地在国外也被称为生态滤池，可以去除 BOD、COD、细菌污染物、N、P 等营养型污染物。人工湿地与自然湿地最大的不同在于人类可以对人工湿地的组成成分进行调整构造。人工湿地是生态法处理技术中实用性强、经济实惠的一种方法，其原理主要是通过人为建造或调整湿地内的结构，提高湿地自净能力和环境最大承载能力，利用湿地自净功能去除污染物。人工湿地处于水陆过渡阶段，生物物种丰富，处理污染物过程受到物理、化学、生物等多方面因素的相互作用（吕慧瑜，2017）。污水流经填料床表面或填料床缝隙，通过人工湿地构筑物中的生物降解、沉淀、过滤等工序处理污染物。常用于构筑人工湿地的基质有砂石、砾石、土壤、石灰石等，根据不同处理目的选择适合的基质，基质在湿地处理污染物的过程中，不仅可起到阻截、吸附的作用，还可以作为湿地内微生物群体附着的载体。湿地内植物根系发达，微生物群落物种丰富，自身代谢活动一方面能够有效去除水中氨氮、有机物、病原体等污染物，同时在一定条件下可将吸收的污染物转换成自身营养元素，如硝酸盐、无机氮、无机盐等。人工湿地处理污水应用广泛，有造纸厂废水、酿酒厂废水、未经处理的城市雨水、养殖场废水、农业污水等。在人工湿地工程实践中，可以将工厂（养殖池等）与人工湿地相结合，工厂排放出的污水经湿地处理后可以进行回收利用，如用于工厂内的冷却用水、制砖厂生产用水、工厂园区路面清洁用水等，同时人工湿地可以降低工厂带来的其他环境要素污染，如噪声污染、大气污染等，改善和缓解污染源周边地区的一系列环境问题。人工湿地污水处理方法在替代我国部分传统污水处理技术及治理水体富营养化问题上具有广阔前景和较好的处理效果，目前被广泛应用于处理生活、工业、矿业、农业等领域的废水。

2.5.2.2 人工湿地分类

人工湿地根据水体流动形式主要分为三种：表层流人工湿地、水平潜流人工湿地、垂直潜流人工湿地。

（1）表层流人工湿地

表层流人工湿地即污水在人工湿地的填料床表层流动，污水流动的水位范围在 0.2～1 m（图 2-26）。表层流人工湿地主要栽种挺水植物（芦苇、莲、水芹、莎草等），其根部在水面以下，一般处于淤泥中，污水流入湿地后，挺水植物在水面下的根系进行吸附截留，处理部分污染物。表层流湿地系统水面宽广，易受到风的循环流动、水面扩散等因素的干扰，湿地内水体含氧量较高，好氧微生物群落在游离氧的条件下降解有机物，以有机污染物作为营养源进行生命代谢活动。然而，相较于潜流人工湿地，表层流人工湿地去污能力低、负荷低、挺水植物从培育过渡到成熟期的时间较长。该系统易受自然条件影响，例如我国北方冬季时容易结冰，会影响系统运行；南方夏季蚊虫滋生多，臭味明显。表层流人工湿地光合作用强度大，水中 CO_2 浓度降低，整体水体偏碱性，去除磷酸盐等物质的效率较高；表层流人工湿地对管理人员要求低，且基建价格和运行费用都比潜流人工湿地系统少，操作也较简捷（段田莉，2016）。

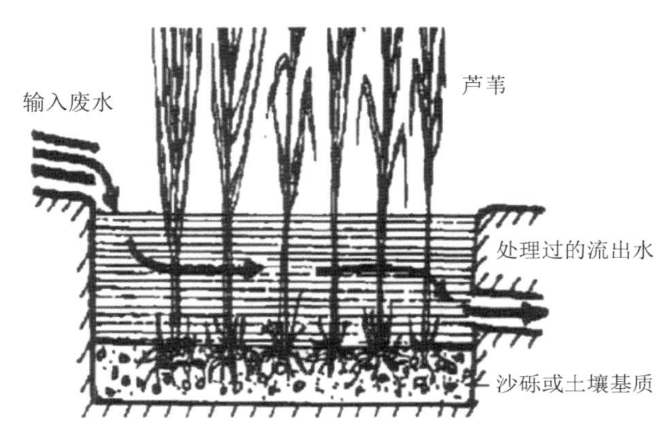

图 2-26　表层流人工湿地

（2）水平潜流人工湿地

水平潜流人工湿地不宜建造在大坡度的地方，要求离排污口近、地势平缓。在水平潜流人工湿地内流动的水体较平缓，在底部基质铺设具有过滤吸附作用的介质，水体在流向出口的过程中，污染物逐渐被介质吸附（图 2-27）。水体水平流动，为了减小水体流动阻力，介质应选择水力传导性良好的材料。氧通常是从植物根系处释放，在国外，芦苇是水平潜流人工湿地系统的主要填充植物，因此水平潜流人工湿地系统也被人称为芦苇床处理系统（刘娜，2009）。

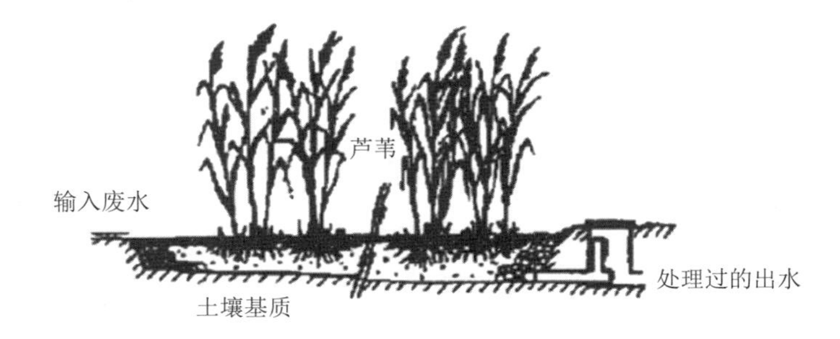

图 2-27　水平潜流人工湿地

（3）垂直潜流人工湿地

垂直潜流人工湿地的水体流动方向与前两者不同，为纵向流动，即自下而上或自上而下穿过湿地床体（图 2-28）。垂直潜流人工湿地床体呈不饱和状态，O_2来源由湿地内植物的光合作用、微生物生命活动等释放以及风等大气因素供给，所以该类型湿地水体具有较高的溶解氧，硝化能力比表层流、水平流要好，处理高氨氮类型污水效果明显。该类型湿地的优点是占地面积相对较小，污染物处理能力高，可以实现长期较大的水力负荷运行，且夏季不会滋生蚊虫等。垂直潜流人工湿地建造难度大，基建材料等投资支出大，污水处理过程较前两种短，容易发生堵塞，反硝化作用时间短，相对于前两种类型湿地处理 SS 和有机物的能力稍显不足（刘娜，2009）。

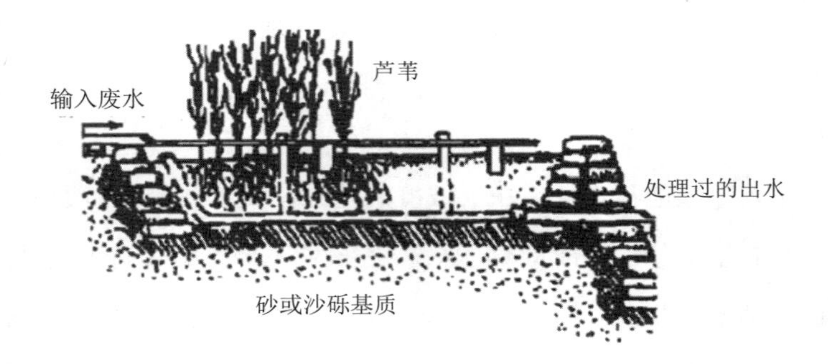

图 2-28　垂直潜流人工湿地

2.5.2.3　人工湿地污水净化机理

（1）有机物的去除

大部分人工湿地植物的表面部分可以把 O_2 吸收后传输到植物根部，由于湿地内植物根系需要发育并为了促进根部释放 O_2，床体深度通常在 0.6～0.8 m。人工湿地存在多种微生物群落，每个微生物群落的生命代谢活动相互影响、相互作用，例如，产甲烷菌将发酵代谢的产物转换成 CH_4 或者 CO_2，CH_4 或者 CO_2 又可以作为其他微生物群落的营养物质，形成良性物质循环。

（2）氮的去除

人工湿地中氮元素的循环涉多种价态的有机物和无机物的转化，系统通常是依靠植物吸收或反硝化作用来脱氮。人工湿地中氮元素的转化见图 2-29。

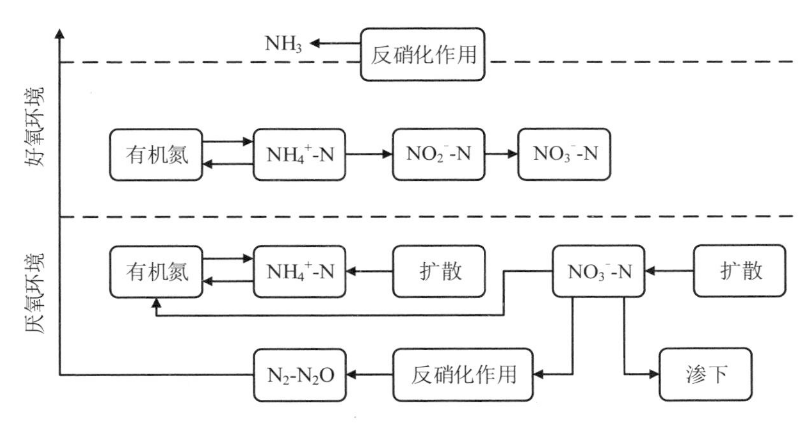

图 2-29　氮在湿地系统的转化过程

（3）磷的去除

在湿地中通常利用物理吸附、过滤和化学反应沉淀去除磷，其中很大程度上是依靠化学反应。有关研究显示，金属氧化物，如铝氧化物、铁氧化物、锰氧化物以及稀土氧化物等对磷有明显的吸附作用，可形成单独固相磷酸铁、磷酸铝或磷酸钙盐等。

（4）重金属、病原微生物的去除

重金属元素的去除主要是通过物理吸附、化学沉淀、植物吸收等方法。此外，湿地吸附去除病原微生物的能力较强，有研究表明，处理系统中的分散式废水去除病原微生物主要有吸附、解吸、灭活等方式。

2.5.2.4 人工湿地处理效果的影响因素

（1）水体温度

适宜的水体温度可以保持植物微生物等群体的健康生存，有利于提高去除污染物的效率。相关研究结果表明，在平均水温≥25℃时（夏季），去除污水中的氮化物的效率明显高于平均水温 10℃时（冬季）。温度低，分子扩散速度缓慢，水分子进入植物根系的速度降低，植物代谢活动减慢，进而影响整体湿地生态系统污染物的去除效率。

（2）pH

pH 作为湿地内的重要参考指标之一，也是影响污水处理的重要因素。稳定的 pH 可以为微生物群落提供良好生存环境，保持其代谢反应速率。同时，pH 过高或过低会使微生物反应活动受到限制，不利于湿地内的物质循环，保持中性或弱碱性环境有利于湿地内生物生长（王延华，2008）。

（3）溶解度

溶解度主要是指水体中溶解氧的浓度，溶解氧的浓度过低，不利于植物及微生物群落生存，会降低系统处理效率；溶解氧浓度过高，则会导致水体中部分鱼类患上气泡病，减少湿地内的消费者数量，带来湿地系统生态发展的不平衡，不利于湿地生态的发展（王延华，2008）。

（4）水力负荷

有关资料显示，适量的水体流动，可以满足水生植物对水分的要求，湿地内采用干湿交替的运行方式，可以改善介质中的氧化还原状态，促进有机物的降解和硝化细菌的生长。适当范围内的水力负荷可以保证湿地的去除效率及为生物稳定繁殖代谢提供稳定保证。

2.5.2.5　人工湿地适用特点

人工湿地具有诸多优点，运行过程简单、对技术人员要求低、投资成本低。湿地内的水体依靠重力、地势高低进行流动，几乎不需要泵等设备提供外加动力。建设人工湿地可带来景观生态效益，相对于污水处理厂具有明显优势。人工湿地可消除城市热岛效应，建造在工厂或车间周边，可有效降低声污染、大气污染影响等。

人工湿地也存在诸多缺点，其选址要与周围生态环境相结合，需要占用较大的土地面积，在土地资源稀少的地区，两者必须有效平衡才能发挥出人工湿地的优势。人工湿地的环境承载能力有限，流入湿地的污水浓度不适宜变化过大，否则会影响湿地系统，进而影响处理效率。人工湿地易受气候影响，例如，冬天水面会结冰，夏天会滋生蚊虫，遇到酸雨等极端天气会影响湿地内生态环境，降低处理效率（韦慧，2008）。

2.5.3　稳定塘

2.5.3.1　概述

稳定塘主要是通过自身塘内的环境自净能力及塘中生物群体的生命活动，对流入塘内的污水或污染物进行一定程度的处理，达到净化水质的目的。近年来，各方学者针对稳定塘不断深入研究探讨，优化塘内结构，并对出水水质提出一定的排放要求，稳定塘现已应用于多种不同类型的污水处理，效果显著。

稳定塘初期建设及工程投入运行前期养护费用低、操作维护简便、有突出的去除能力，不需要接种和处置污泥。然而，稳定塘也存在占地较大、停留时间长、二次污染等缺点，多在深度的污水处理中进行应用（戴立人等，1998）。

2.5.3.2 稳定塘净化机理

稳定塘处理污水原理主要是通过塘内的自净能力及栽种的水生植物的净化能力来共同完成。稳定塘面积较大，能够很好地受到阳光照射，有利于塘内好氧微生物及水生植物进行光合作用，分解或固定污染物质，有利于水生植物发挥吸附、厌氧作用及兼性厌氧微生物发挥反硝化—硝化作用等。稳定塘处理的产物如磷、碳酸盐、硝酸盐等物质可以作为塘内生物生存所需的无机营养源，形成生态系统的物质循环。稳定塘内的植物通过光合作用还会释放出 O_2，在风等自然因素的作用下，可以控制塘内溶解氧稳定在一定范围，提供适宜的环境供塘内生物生存（张跃峰，2018）。

2.5.3.3 稳定塘分类

稳定塘内因不同深度区域及阳光照射强度的不同，溶解氧含量也会有所差异，根据塘内 O_2 浓度可分为好氧塘、兼性塘和厌氧塘等。

（1）好氧塘

好氧塘内水体溶解氧量高，塘内深度较浅，水深一般为 0.5～1 m，因含氧量相对较多，塘内生存的藻类多。好氧塘净化机理主要为：污水流入塘内，微生物在好氧条件下降解合成有机物，释放 CO_2，藻类在阳光照射下进行光合作用，释放出 O_2，O_2 中的一部分补充水体中溶解氧的含量，一部分被微生物吸收进行代谢活动（图 2-30）。污染物去除过程就是好氧塘内的微生物群落利用自身生命活动将流入的有机污染物在特定环境下转换成无机物或固态有机物的过程。同时，在风等自然条件下搅动水体，塘内溶解氧得到补充（贺瑞霞等，2014）。

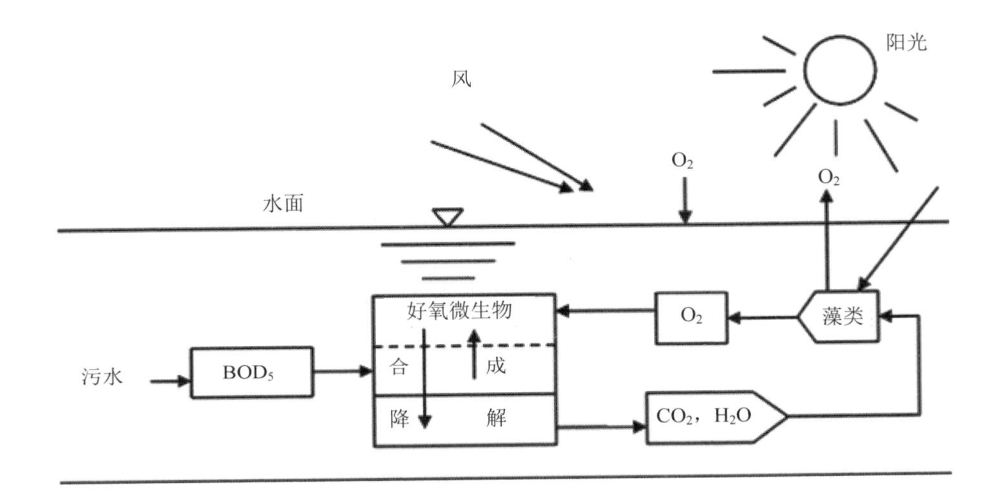

图 2-30　好氧塘示意图

（2）兼性塘

兼性塘水深一般为 1.5～2 m，分为三层，分别是好氧层、兼性层和厌氧层。好氧层在塘内最上层，净化机理与好氧塘相似。兼性塘水力停留时间一般在 7 d 以上，时间较长，兼性层和厌氧层硝化菌含量多，对流入塘内的污水硝化效果明显。塘内兼性层和厌氧层的硝化细菌将污水中的亚硝酸转换成硝态氮，硝态氮再与水体中的金属离子反应生成硝酸盐，而硝酸盐可以作为植物或微生物的营养源进行生命代谢，净化水质。处于塘内底部厌氧层中的厌氧细菌将有机物分解，产酸发酵，释放出 CO_2、氨气（NH_3）、CH_4 等气体，从而去除水中有机污染物（贺瑞霞等，2014）。见图 2-31。

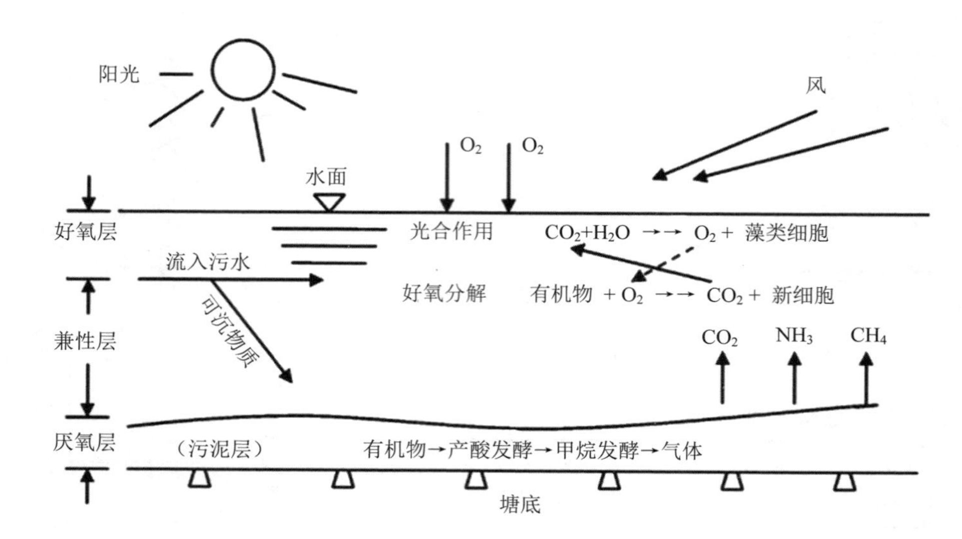

图 2-31 兼性塘示意图

（3）厌氧塘

厌氧塘的去除机理与厌氧设备相似，主要通过厌氧菌产酸发酵和甲烷发酵来完成，释放的产物主要有 CH_4、CO_2 等（贺瑞霞等，2014）。在设计厌氧塘过程中，因甲烷菌具有世代时间长、繁殖缓慢、对水体中溶解氧的含量以及 pH 较为敏感的特性，所以在建造过程中需要重点规划考虑（徐嵩，2020）。见图 2-32。

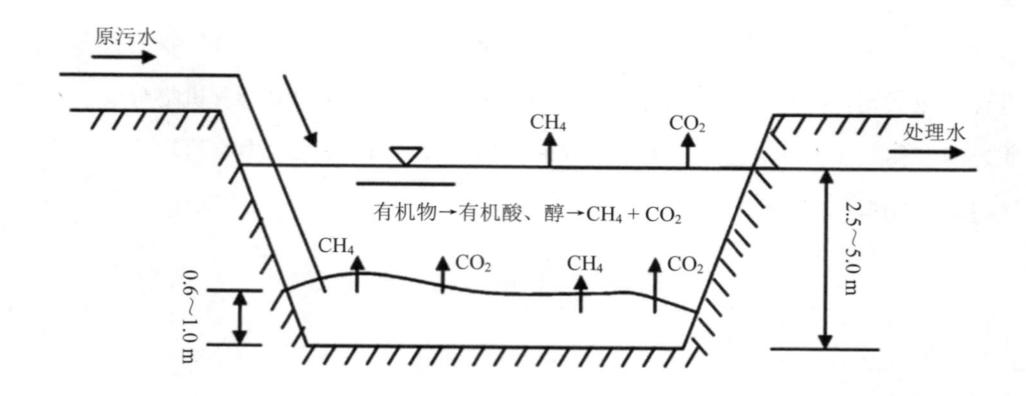

图 2-32 厌氧塘示意图

2.5.3.4 稳定塘的应用与展望

稳定塘发展已有100余年历史，处理目标不再局限于城市生活污水，还包括造纸废水、农村生活污水、养殖池污水和工业废水等。稳定塘整体结构相对简单，适宜在地势低及低洼处修建，在塘底及塘周围铺设防渗系统，再根据污水成分及处理目标，在塘内栽种处理污染物能力较强的植物，即可完成建造。稳定塘优点明显，投入费用少，处理简便，不需要太多人员进行管理，且处理过程符合我国绿色协调发展原则、“三化原则”（减量化、资源化、无害化）、可持续发展战略等。处理后的尾水可以进行绿化灌溉、路面清洁等二次利用。稳定塘未来可应用于更多领域处理污水。

2.5.4 污水土地处理

2.5.4.1 污水土地处理技术分类

污水土地处理系统是生态法处理的重要技术之一，其原理是通过土地—植物—微生物构成生态系统，利用系统中的物质循环、能量流动、自我调节机制等对污染物质进行过滤—吸附—固定—降解—吸收等系列物理化学作用，对流入的污染物进行过滤、消除，达到处理的目的。按照渗滤速度快慢，可将土地处理系统分为慢速渗滤（SR）、快速渗滤（RI）、地表慢流（OF）及地下渗滤（SI）4种。

（1）慢速渗滤土地处理系统（SR）

慢速渗滤土地处理系统由地表栽种植物以及土壤基质构成。污水主要通过喷灌、沟灌等方式进入系统，首先进入植物根部，根部通过吸附过滤等作用吸收部分污染物，再通过土壤基质中的离子吸附、专属吸附等作用吸收剩余的污染物。该系统水力负荷小，在设计建造过程中需考虑避免污水在地表淤积，影响处理效果。该系统的特点是渗滤速度慢，能够深度处理污染物，将有机物或颗粒物从液相中分离，形成难溶于水的物质或不溶于水的物质，通过土壤固相中的物理吸附等作用，将污染物吸附在土壤固相中，同时这些物质可以作为植物的营养源，供植物生长，污染物质得到有效利用和循环，达到净化水质的目的。慢速渗滤土地处理系统水力负荷较小，为了提高整体的处理效率，可能需要扩大系统土地面积，在极端暴雨等天气情况下处理效率会受到影响（唐占一，2015）。见图 2-33。

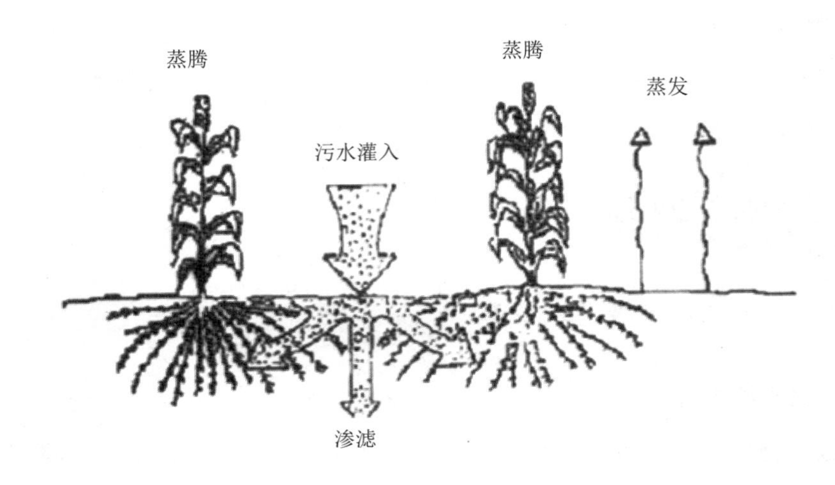

图 2-33　慢速渗滤土地处理系统（SR）示意图

（2）快速渗滤土地处理系统（RI）

快速渗滤土地处理系统相对于慢速渗滤土地处理系统而言，水力负荷大，要求所选择的土壤基质渗滤性能好，能够快速地过滤污水。该系统主要通过高渗滤性的土壤基质对污染物进行生物（代谢活动）、物理（阻截过滤）、化学（置换反应、硝化、反硝化等）等作用，将污染物去除或固定在基质中，形成不溶物质或难溶物质，将其在污水水体中分离，从而完成处理。该系统栽种的植物主要作用是维持土壤基质的稳定，对其去除污染物效果不做强制要求。进入系统前的污水要先经过预处理（一级处理），去除污水中的大颗粒物和 SS，避免后续进入系统处理时发生堵塞，影响系统处理效率（唐占一，2015）。见图 2-34。

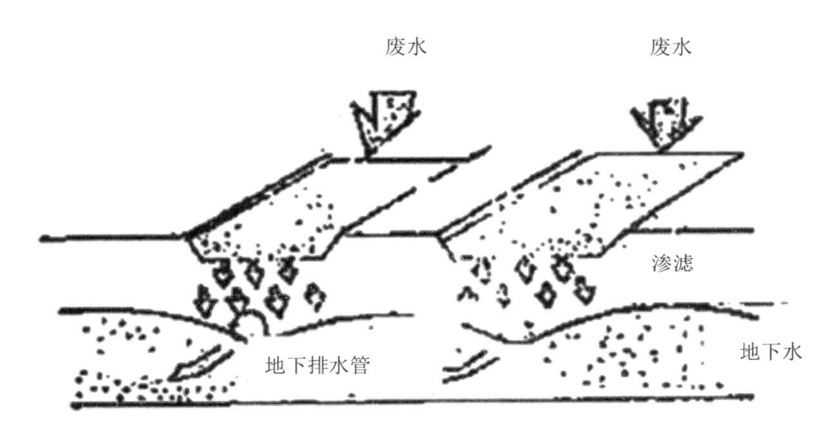

图 2-34 快速渗滤土地处理系统（RI）示意图

（3）地表慢流土地处理系统（OF）

地表慢流土地处理系统的原理与快速渗滤土地处理系统类似，不同点在于前者要求建造在具有一定坡度的土地，要求栽种的植被同时兼具抗水性好，抗腐蚀、抗污能力强，吸附能力好等特点。去除原理是，在一定坡度的土地上栽种耐水、耐污性好的植物，污水沿坡度缓慢流动，较大的 SS、颗粒物被植被根系过滤、截留，微生物或植被通过自身代谢活动及进行氧化分解将有机物去除。该系统处理过程中，植被起着关键作用，因系统在植被生长期才可正常运行，所以在基建过程中需要筛选合适的植被，可将生长期长、抗腐蚀抗污能力强等作为筛选指标。污水在系统地表长时间流动，为防止污水入渗到地下，需要选择渗滤性能较差、具有黏土性质的土壤基质。处理后的污水可以进行一定程度的回收利用，如灌溉绿化、工业用水、补充水资源等（陈晓华，2006）。

（4）地下渗滤土地处理系统（SI）

地下渗滤土地处理系统要求建造在地表以下，具有一定深度，且土壤基质渗滤速度快。污水流入地下渗滤土地处理系统后能快速渗滤到周围土壤中，通过毛细作用和渗滤作用在土壤中扩散，再通过吸附降解将污染物去除，处理后的污水可以适当补充地下水资源，或收集后进行中水回用。该系统的特点是出水回收效率高，中水回收效率可达 3/4，投资和运行费用比一般污水处理厂低，且管理方便。由于系统处于地表下，不受气候因素影响，可全年正常运行（赵迎迎，2012）。

2.5.4.2. 污水土地处理技术适用特点

污水土地处理系统具有初期基建费用低、节省能源、维护经费少、能够简便进行技术管理等优点，因其主要利用农作物、草木、树林对营养物质和水进行吸收和处理，因此也被人们称作高效性能的“污水活过滤器”。污水土地处理系统还可以使地面绿化，使国土得到治理，建立良好的生态环境，也是一种环境生态工程（李智，2012）。

污水生物处理与土地利用相结合进行污水处理的技术近年来稳步发展，但还是存在一些问题，如滥用土地资源，不经过实地考察就进行污水处理利用，导致超过土地环境负荷容量，造成污染；部分土地污水处理系统配水官网布置不合理，导致收集水体和排放水体效率低下，甚至有些设备未能利用到，造成资源浪费，增加了运行和维护成本，不利于持久发展；污水土地处理系统后期维护制度不完善，需要各部门之间相互协调、相互支持，共同维护。

2.6 污水物理化学法处理技术

物理法、化学法以及物理化学法是污水处理工艺流程中预处理的重要部分，其主要目的是去除大部分的 SS、颗粒物、难溶解有机物。

2.6.1 物理法

物理法是指利用物理作用来分离或去除污水中的某种污染物，一般只会改变污水或污染物的相态，不改变其化学成分。常用的污水物理处理法有重力沉降、筛选、气浮、离心、吸附、吹脱、过滤等，这些方法主要是为了去除污水中的 SS、漂浮物、颗粒物及油类物质等。物理法处理原理虽然简单，但处理过程一般需要用到较多的实体设备和材料，如格栅、沉砂池、活性炭、过滤筛网、振动筛等，所以建设成本相对高一些。物理法一般用于污水的预处理部分，可去除 SS、油类等污染物，为污水的后续进一步处理创造条件，也可以减小后序管道、仪表、设备等的损耗风险。

2.6.2 化学法

化学法是指使用化学药剂与特定污染物进行化学反应，通过改变污染物的化学性质或形态，将之从污水中分离来降低污染物浓度。在化学法处理废水的过程中，对特定污染物需要针对性地投加化学药剂，有些污染物需要先采用化学小试的方法寻求处理工艺最佳控制参数。普通的废水需分析出废水中污染物的种类再进行处理设计，但对含有复杂污染物的废水，其处理工艺过程也相对复杂。化学法处理后的污水可能产生新的污染物，若新的污染物超过水质排放指标，还需要对新出现的污染物进行二次处理，因此所需要的成本也会增加。典型的化学处理法有臭氧氧化处理法、电解处理法、化学沉淀处理法、混凝处理法、氧化还原处理法。化学法操作简单，易实现自动控制检测，可回收利用，但需要的化学药剂较多，运行费用较高。

2.6.3 物理化学法

物理化学法是指物质从一种相态转化为另一种相态，伴随化学反应的传质，对污水中的污染物进行分离的过程，在实际应用中常用的方法包括电解法、吸附法、萃取法以及膜分离法等（韩雪，2019）。物理化学法能有效地治理污水，也有可能对废水中的有用成分进行回收，从而实现资源再利用。物理化学法通常适用于废水的一级处理阶段，特别是对于废水中的SS、颗粒物、部分有机物、砂石残渣等处理效果明显，可大幅降低后序处理流程中的废水处理负荷，例如使用混凝剂PAC（聚合氯化铝）、PAM（聚丙烯酰胺）等化学药剂处理废水，混凝可去除部分有机物，降低后续生物法处理有机物的负荷，提高处理效率。物理化学法处理效果比较稳定，对水质变化适应能力较强，易实现自动控制检测。但由于这种处理方法需要较多的能耗和物料，所需设备费用及日常运转费用较高。

2.6.4 污水处理常用物理化学法及设备

2.6.4.1 格栅

格栅主要处理污水中的大量颗粒物、絮状SS、漂浮物等，污水中的颗粒物会导致给排水设备堵塞和损坏，格栅可有效防止颗粒物对污水处理流程的影响。格栅的分类，按形状分为平板格栅和曲面格栅，曲面格栅通常加装转鼓式格栅机，以螺旋升降的方式将颗粒物运输到污水表层，再由刮板刮到除渣池；按清渣方式分为人工格栅和机械格栅，处理量较小的污水处理站，可使用人工格栅，较大的污水处理站通常使用机械格栅，机械格栅又分回转式格栅、链式格栅、抓斗式格栅、自清式格栅、粉碎型格栅等。图2-35为机械格栅。

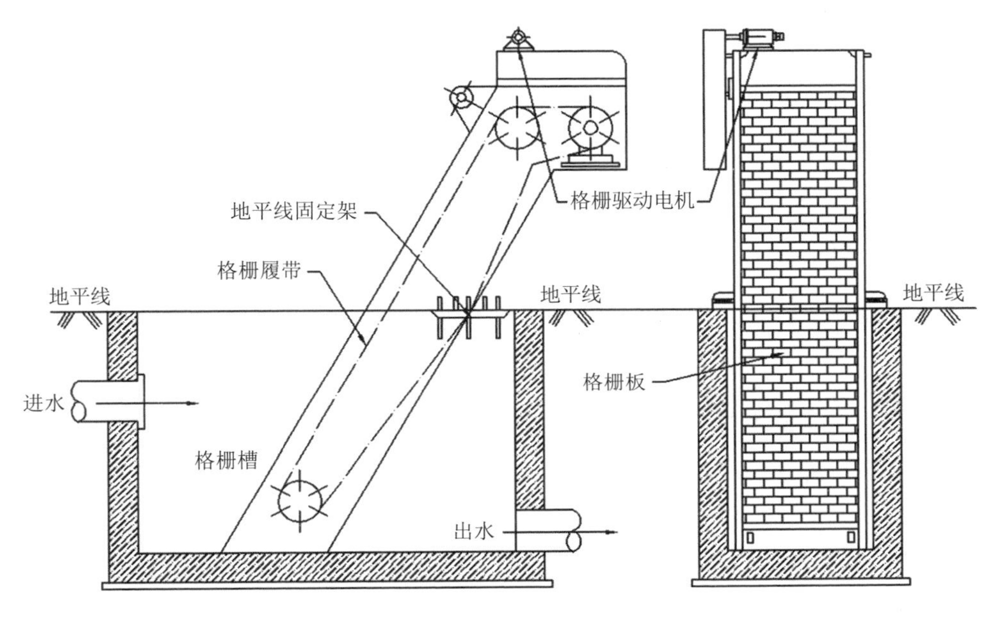

图 2-35　机械格栅

振动式格栅，以一种新结构出现在各大污水处理厂中，它是在两到三层的平面格栅中间穿插一层吸附性填料，通过振动机的来回振动把大颗粒物和 SS 过滤出来。污水中部分被吸附污染物和易附着在填料表层的污染物可被分离出来，使污水的预处理效果得到很大提高（杜梦楠，2017）。

格栅过滤效果通常关系到泵的使用寿命，一般使用防堵塞式的潜水离心泵。格栅主要的设计参数有条间隙大小、液位差、倾角、格栅板的长宽以及厚度。

2.6.4.2　沉砂池

沉砂池用于处理污水中所含的无机砂粒、较大的有机颗粒物等，能去除超过 0.2 mm 粒径的颗粒物，通常可以分为曝气式、涡流式、平流式、竖流式等。沉砂池的主要功能有两点，分别是除砂和洗砂，除砂效率以污水中 0.2 mm 以上颗粒物的去除量为标准，洗砂效率以砂石经过处理后砂石表面停留的有机污染物的含量为标准。针对不同类型的污水，有不同的沉砂池形式。沉砂池对于水流流速的要求通常不宜较快也不宜较慢，若水流速度过快，会导致沉砂率下降，大量砂石随水流流入下一个处理环节中，会严重影响后续工艺的进行，甚至会导致污水管道磨损、设备仪表失灵、工艺处理负荷过载等问题；若水流速度过慢，会导致洗砂效率下降，砂石被表面附着的有机污染物腐化，造成土质变化，污染环境。

下面介绍三种沉砂池：钟氏沉砂池、平流式沉砂池和曝气沉砂池。

钟氏沉砂池在底部设置有斜板，污水中的砂石在分选区沉降下来，池中设有旋流装置，形成旋流时有内外两层，内层旋流，外层静止，旋流层分选、沉降出来的砂石通过外层斜板进入集砂池。钟氏沉砂池去除砂石表层附着的有机污染物通常利用气洗的方法，此法能在砂石排出池体之前，完成有机物的去除（刘立，2013）。

平流式沉砂池（图 2-36）一般适用于处理粒径大于 0.6 mm 的砂石，但是占地面积较大，所能承受的水力负荷较小，项目成本偏高，导致其使用受限、除砂效率不稳定。平流式沉砂池最大的弊端在于无法进行洗砂，砂石上附着的有机污染物无法及时处理，会导致砂石腐化，产生恶臭。

如图 2-37 所示，在曝气沉砂池中，空气通过鼓风机从池底曝气孔进入，在池体中产生旋转式水流，利用旋流中心的向心力作用以及砂石本身的密度比水大的特点，砂石从旋流中心沉淀到池底，而废水中的有机颗粒常处于悬浮状态，砂粒互相摩擦并承受曝气的冲击作用，砂粒上附着的有机污染物便可去除，得到较为洁净的砂粒，砂粒上剔除的有机污染物可补充生物处理脱氮除磷中所需的碳源。曝气沉砂池的缺点是对曝气过程的控制能力较弱，无法根据污水含砂量的变化调控曝气量大小，曝气量过大会使得细小的颗粒无法沉淀，曝气量过小，又会使得旋流速度无法达到最佳沉砂效果；污水表面产生大量泡沫，必须进行表面消泡处理。

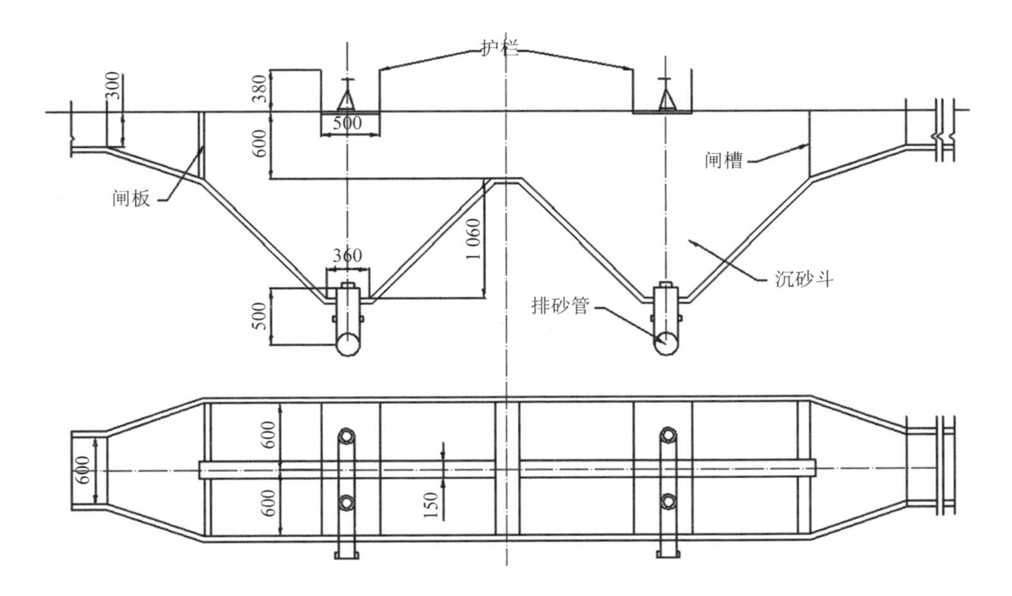

图 2-36　平流式沉砂池结构

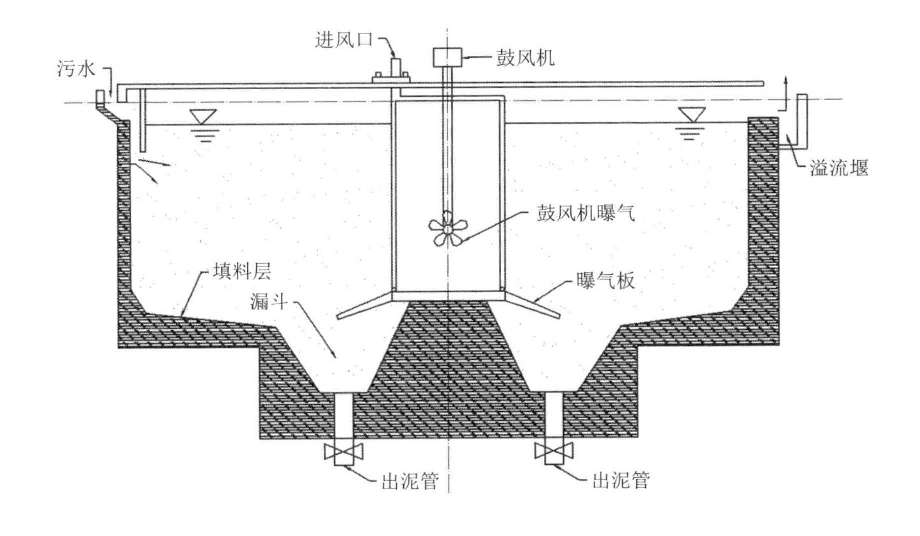

图 2-37　曝气沉砂池结构

2.6.4.3 调节池

调节池一般设置于污水处理工艺的开始阶段，主要工作机理为，将原污水进行初步的均匀调节，达到均化水质的作用，以便于后序处理工艺的顺利进行，虽然没有去除污染物的作用，但是可以提高后序工艺中污水处理的效果。调节池前端一般要设置格栅间，经过格栅过滤掉大部分固体污染物后，污水的预处理基本都在调节池内完成。此外，可针对污水中一些特定的污染物如油脂，在调节池中加入絮凝剂，让油脂与水快速分离，为提高油水分离效果，也可在调节池内壁上铺设一层亲油疏水性滤料，利用滤料的特性使油脂附着在滤料表面，积累到足够的油脂后，油脂就会因密度较小，漂浮至污水表层，通过刮油板流进油渠中，实现更好的分离。对含有的大分子有机污染物，可在调节池内加装曝气盘，补充污水中的 O_2 量，便于后序生物滤池对有机物的生物降解。调节池的主要设计参数有设计流量、水力停留时间、有效容积、过水面积、池体尺寸（长、宽、高）、提升泵的选型等。

2.6.4.4 混凝法

混凝是指在废水中预先投加混凝剂，通过混凝剂的凝聚作用，破坏污水中胶体和细小 SS 的稳定性，并促使胶体和 SS 聚集成可分离絮体的过程。混凝包括凝聚和絮凝两个过程。混凝的作用机理为，利用混凝剂使污水中的细小颗粒和胶体颗粒物产生脱稳现象，不断聚集形成大颗粒物，从而沉淀到污水池底部，实现混凝沉淀的效果。通常在污水进入调节池时投加混凝剂，利用调节池内布置的曝气盘产生的曝气作用，使药剂与颗粒物充分混合，满足絮凝时间，提高混凝沉淀效率，同时可对污水进行初步处理，将部分污染物去除，防止由于污水处理负荷过高导致出水超标（李燕等，2016）。混凝法处理污水的机理、方式、效果等内容详见 3～4 章介绍。

2.6.4.5 气浮法

气浮法，是利用气浮设备，使污水中产生大量的且高度分散的微小气泡，以气泡作为载体将污水中的SS粘连，将之提升至气浮池的表面（魏在山等，2001）。气浮法常用于对含油污水的处理。含油类污水中通常含有传统沉淀法难以去除的悬浮状态油类以及溶解状态油类，利用气浮法，油类物质会在微小气泡表面黏附，相互聚集，从而形成密度小于水的聚合体，加速上浮，去除效率高，处理速率快；对于一些含大量藻类的污水，可利用气浮法去除其中大量的浮游生物，有效控制藻类的生长，提高污水的处理效率（杨晓伟等，2016）。

气浮法具有较好的分离处理效果，可用于固固分离、固液分离、液液分离甚至于溶质离子的分离（王海峰等，2011）。气浮法有着许多优点：气浮时间短，去除率高，应用范围广；对比沉淀法，气浮法减少了药剂量的投加；处理效果好，出水水质较好；可回收利用资源较多。

气浮法设计参数有很多，主要包括水力停留时间、水气比、回流比、曝气量等。

2.6.4.6 吸附法

吸附法是污水处理中重要的物理化学处理方法，利用多孔性固体吸附残留的难降解的有机污染物，以达到净化效果。吸附法去除污染物的效率较高，吸附剂种类较多，不同吸附剂去除污染物的机理及运行成本也有所不同。常用吸附剂有活性炭、天然有机吸附剂、天然无机吸附剂、合成吸附剂（马安博，2018）。

最早开始使用的吸附剂是炭类吸附剂，应用较广泛，使用较为方便，需要的材料主要有活性炭颗粒、活性炭粉末、活性炭纤维，针对不同的污水处理标准，配置相应材料，达到相应的吸附效率（丛俏等，2008）。炭类吸附剂独特的空隙结构，对处理水中繁杂的污染物种类都能有显著的效果，其中包括游离氯、色度、浊度、表面活性剂、苯酚、三氯甲烷、PCB、有机氯化物、油分、汞、铁、锰、COD、病毒、TOC、热源、氨、BOD 等（丛俏等，2008）。

腐殖酸类吸附剂主要由一些芳香结构和多种化学功能团组成，有良好的吸收、交换作用，可与部分金属离子相互作用，达到稳定金属的作用，减缓金属对水质的污染。也可作为有机物原料应用于多个环保领域。其对 COD、BOD、N、P 等污染物的去除效果较为显著。

工业废物吸附剂具有较大比表面积，具有良好的选择吸附作用，有足够的热稳定性和化学稳定性，成本较低，又可达到废物回收利用的效果，实现“以废治废”，是针对富含金属离子污染物较好的吸附剂。

吸附法主要的设计参数有设计流量、吸附塔（或箱）的大小尺寸、反冲洗时间、反冲洗周期、接触时间等。

2.6.4.7 隔油法

隔油法一般运用于含大量油脂类污染物污水的处理，污水中油类物质的存在方式包括漂浮状态的油漂、悬浮状态的油垢、可溶性的油脂。去除油类物质的方法较多，可利用高速离心法，将污水中的油类物质在旋转的装置内进行油水分离；也可利用混凝剂的混凝效果，使溶于污水中的油类物质从污水中分离，累积成大块的油类基团，将污水污染物贴合一起沉降，便可达到油水分离；也有研究显示，可运用一种亲水疏油性的滤膜，将污水通过滤膜，油类物质便被分离出来，附着于膜表层，当累积到一定数量之后，由于密度原因，油膜就会脱落，上浮至污水液面表层，实现油水分离。

2.6.4.8 化学沉淀法

化学沉淀法指向污水中投加可溶性化学药剂，与离子状的无机污染物起化学反应，生成不溶或难溶于水的沉淀物。化学沉淀法操作简单，去除效率高，主要应用于水的软化，也可去除污水中的金属离子。根据沉淀剂的不同，化学沉淀法可分为氢氧化物沉淀法、硫化物沉淀法、钡盐沉淀法等（郭燕妮等，2011）。

2.6.4.9　氧化还原法

氧化还原法是通过投加氧化剂或还原剂，把溶解于废水中的有害物质经氧化还原转化为无害或低害物质。最常见的氧化剂有臭氧、氯气、次氯化钠，最常见的还原剂有硫酸亚铁、亚硫酸氢钠等（付丰连，2010）。

2.6.4.10　离子交换法

离子交换法是将离子交换剂中的交换离子与污水中的有害离子进行交换，达到净化水质的目的。污水中的某离子迁移到离子交换剂颗粒表面液膜中，通过扩散进入颗粒，在颗粒孔道中扩散并发生离子交换作用，被交换下来的离子沿相反途径迁移到污水中，污水中有害离子从而被捕集（付丰连，2010）。

2.6.4.11　酸碱中和法

酸碱中和法是将酸性污水的氢离子与加入的氢氧根离子结合，或碱性污水的氢氧根离子与加入的氢离子结合，形成水分子和其他盐类物质，实现污水中性的目的。常用的方法有酸碱废水相互中和法、投药中和法、过滤中和法（付丰连，2010）。

2.6.4.12　电渗析法

电渗析法是在直流电场作用下，将点位差作为动力，利用离子交换膜的选择透过性，把电解质分离出来，达到浓缩和除盐的目的。此方法不需消耗药品，设备简单，操作智能化。最先应用于海水的净化及制取食盐，后来在污水处理中得到广泛应用（付丰连，2010）。

2.6.5 小结

可用于污水处理的物理化学法种类繁多，包含吸附、混凝、气浮、吹脱等方法，处理效果明显，材料成本较低，应用广泛，对于污水的一级处理以及预处理，展现出了很好的效果。物理化学法优势明显，可建设性较强，可普遍应用于各种工艺流程的污水处理一级阶段，大幅减轻工艺流程中的污水处理负荷，针对性强。对含有特定污染物质的污水可采取针对性的物理化学处理手段，去除特定污染物质。物理化学法的不断创新和改良升级，让我们对生活中的水资源有了新的认知，水是人类的生命源泉，水处理技术的进步也推动了人类生活的进步，推动了人类的可持续发展，对水的重视也是对生命的重视。

第3章　污水厂污泥处理与处置技术

3.1　概述

截至2019年，我国的城镇化率已达到60.6%，城镇的快速发展，导致生活污水产生量和处理量急剧增加，2010年至2020年，我国城市污水年排放量由379亿m^3增加到571亿m^3（李宛卿，2021）。污水处理过程中常伴随着污泥的产生，随着污水处理量的增加，污泥产量也随之增加。但是，长期以来，我国将重点落在污水处理的技术研发上，忽略了对污泥的处理与处置，有着严重的“重水轻泥”现象（刘云兴等，2013），导致我国污泥的处理处置技术严重滞后，造成大量资源浪费，并加剧了环境污染。如何经济高效地实现污泥的减量化、无害化、资源化，已成为我国无法回避的问题。

2015年发布的《水污染防治行动计划》中提出：污水处理设施产生的污泥应进行稳定化、无害化和资源化处理处置，禁止处理处置不达标的污泥进入耕地，非法污泥堆放点一律予以取缔。现有污泥处理处置设施应于2017年年底前基本完成达标改造，地级及以上城市污泥无害化处理处置率应于2020年年底前达到90%以上。结合碳中和目标的提出，普通的污泥焚烧处置技术已无法达到要求，需要从节能、环保、超低排放的角度出发，探索新的解决方法，实现污泥的“零排放”。

3.2 国外污泥处置现状

污泥处理与处置技术已经有100多年的历史，处理技术相对成熟。发达国家以稳定化、无害化、资源化为目的，通过各种机械和处理构筑物的有机结合，组成污泥处理系统（汪泽洋，2021），对污泥进行浓缩、脱水、干燥等步骤，再进行后续资源化处理。

3.2.1 英国污泥处置现状

截至2010年，英国共建有污水处理厂6 352座，以中小型规模为主，污泥产量达到153.08万t/a。随着现代化污水处理设施的普及和工业废水“预处理”的推行，污泥中重金属和有害物质的含量大大减少，污泥被视为“资源”。“从污泥中获取资源”被日益重视，厌氧消化技术在英国得到广泛应用，79.1%的污泥经过厌氧消化处理后，进行土地利用。当污泥泥质不佳或土地资源化利用受限时，采用焚烧的方式进行处置，据统计，采用焚烧处置的污泥约占 18.4%。采用其他方式处置的污泥仅占2.5%（陈其楠，2018）。

英国主要使用的污泥处理处置技术有厌氧消化技术、深度脱水技术、污泥土地利用技术和污泥焚烧技术。其中以“厌氧消化+脱水+土地利用”为主，因厌氧消化产生的沼气可以通过热电联产技术发电，或是经过提纯压缩后并入居民燃气管网，实现能源回收。

3.2.2 美国污泥处置现状

2004年，美国产出污泥1 800万t，约55%（394.9万t干污泥）为土地利用，用于农艺、造林和土地改良，33%的污泥（106.623万t干污泥）采用焚烧方法处理，4%（12.924万t干污泥）被放置在污泥储存塘或脱水池中自然干化（鄂工繁，

2021)。报告显示，美国 2004 年产生的污泥经过处理后，23%可达到美国国家环境保护局的最高质量分级 A 级标准，34%可达到 B 级标准（刘永丽，2010）。

美国的污泥处理处置越来越重视对其进行资源化利用，污泥的能源利用工艺占比持续增长，作为废弃物进行填埋处置的比例在逐渐下降。

3.2.3 日本污泥处置现状

日本土地资源紧张，在传统观念的加持下，污泥的处理方法主要有浓缩、脱水、厌氧消化、堆肥、焚烧和熔融等。

2011 年日本的污水处理厂污泥产生量为 222 万 t（以干固体计），为了减少填埋厂的压力，日本普遍使用干化焚烧来处理污泥（图 3-1）（水落元之，2015）。但焚烧过程中会产生二噁英、呋喃、重金属等有害物质，且能耗及运行成本高。相较之下，熔融有以下几点优势：①在高温下结晶，产生二噁英的量较少；②可循环利用炉渣；③实现了干物质的减量化。但是由于熔融法建设运行费用较高，近年来主要用于处理工业废水处理产生的污泥。

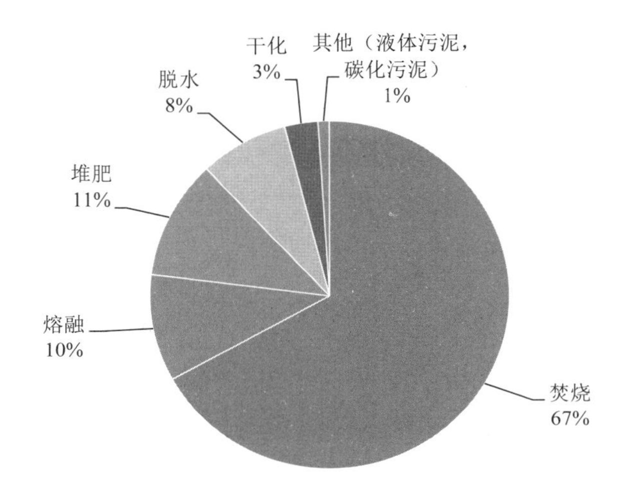

图 3-1 2011 年日本污水厂污泥处理方式占比

日本的污泥处置方式有陆地填埋、海上填埋、农田和绿化利用，焚烧后的灰渣用于生产水泥或制造其他建筑材料，如混凝土骨材、道路基材等（唐建国，2012）。由于日本空间资源的限制，填埋所占的比重逐年下降，污泥大多作为建材利用，其次作为土地改良剂利用。污泥经过焚烧处理后的灰渣可以进入水泥厂的焚烧系统，水泥窑内温度超过 1 000℃，加之窑内的碱性环境，可以有效抑制二噁英的产生，实现资源化和无害化处理。

3.3 国内污泥处理处置现状

从 2010 年至 2020 年，我国城市污水处理量由 312 亿 m^3 增加到 557 亿 m^3，年均复合增长率达 5.98%；城市污水处理能力由 1.04 亿 m^3/d 增加至 1.93 亿 m^3/d，年均复合增长率达到 6.38%（《2022 年中国生态环境统计年报》）。截至 2020 年，核发排污许可证的污水处理厂已达 10 113 座，在污水处理的同时伴随着污泥的大量产生，按照预测，我国人口在 2020—2025 年达到顶峰，污水处理量也会随之上升，届时污泥产量也会突破 6 000 万 t（北极星环保设备网，2020）。

目前我国污泥处理处置面临的难题有以下几个方面。

（1）技术路线的改变

我国在污水处理方面研究起步较晚，对污泥的处置方式主要借鉴国外成熟或半成熟技术，国外对于污泥的处置方式偏向低碳与资源化发展，我国对于污泥的处置仍停留在将其作为“废弃物”的层面上。根据我国可持续发展战略，应将污泥看作“资源”，加强污泥的资源化利用。就我国目前污泥处理技术水平而言，要实现污泥资源化必将加大对污泥处理的资金投入，加强对污泥处理的技术研究，健全污泥处理基础设施。

（2）“重水轻泥”现象严重

相较而言，我国注重对污水的处理，污水处理厂建设及运营中存在着严重的

“重水轻泥”的现象。政府大力投资对污水的处理和监控，污水处理厂不断提标扩容，却忽略了伴随污水处理产生的剩余污泥，并导致大量污泥淤积（范勇，2018）。落后的污泥处理措施与现有污泥的数量不匹配，且无法达到良好的处理效果，容易造成二次污染。

（3）缺乏约束性指标

污泥的性质复杂，需要经测定后确认其为普通固体废物或是危险废物，二者执行的处理处置要求大不相同。而从监测到处理，其中过程烦琐复杂，政府部门对污泥处理处置、运行的监管体系不完善，部门间配合不当，导致在污泥处理处置过程中容易出现诸多纰漏。且监管部门缺少对污泥的约束性指标，处理效果不能马上显现，对技术上的评价会相对滞后，无法及时确认污泥是否已达无害化或稳定化标准。

3.4 污泥处理和处置常用技术

随着污水处理量的增加，产生的污泥量也必然会增大。现有的污泥处理处置技术各有优劣，应结合各地实际情况，选择适合当地的污泥处理处置方式，因地制宜，真正实现污泥的资源化、无害化、减量化，践行可持续发展方针。

污泥的处理与处置技术是相辅相成、不可分割的两部分。污泥的处理效果取决于污泥的处置（污泥的最终处理）方向，污泥处理是“过程”，污泥处置是“结果”。如今，《城镇污水处理厂污泥处置分类》（GB/T 23484—2009）中总结了多种污泥处置方法（图3-2），结合我国污泥含沙量大、有机质含量低的特点，探索出四类主流处置路线：①厌氧消化—土地利用；②好氧堆肥—土地利用；③干化焚烧—灰渣填埋或建材利用；④深度脱水—应急填埋（戴晓虎，2021），并提出污泥处置需遵循的原则：守法原则、可持续原则、影响最小原则、尽可能原位处置原则。

污泥处理处置全链条技术路线见图3-2。

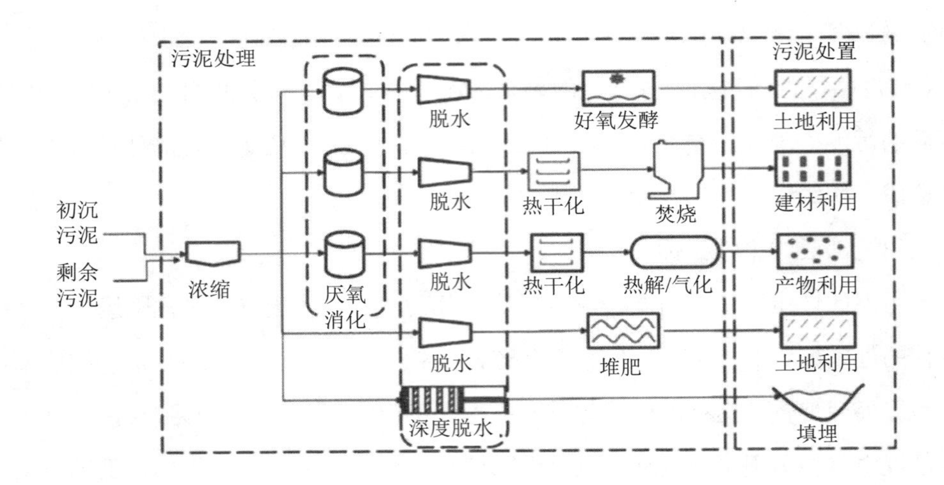

图 3-2 污泥处理处置全链条技术路线

3.4.1 厌氧消化—土地利用技术

污泥厌氧消化是指在厌氧条件下，污泥中的有机物被兼性菌和厌氧细菌消化成小分子无机物（CH_4、CO_2、H_2S、H_2O 等），可以去除 30%～50%的有机物，大部分大型污水处理厂都使用该技术处理剩余污泥（刘尚铭，2020）。

厌氧消化是多阶段处理的过程，主要分成三个阶段：水解、酸化阶段，乙酸化阶段，甲烷化阶段。水解过程在厌氧消化初期，污泥中的非水溶性高分子有机物在水解酶的作用下水解成溶解性的物质；酸化阶段主要工作的细菌是兼性菌和厌氧菌，将简单可溶性有机物分解成短链脂肪酸。乙酸化阶段主要将水解时产生的简单可溶性有机物在产氢和产乙酸细菌的作用下分解成挥发性脂肪酸。甲烷化阶段，甲烷菌把乙酸、CO_2、H_2 分别转化为 CH_4。

污泥经过厌氧消化后可实现稳定化和减量化的目的。厌氧消化产生的甲烷等气体可以通过提纯清洁后作为燃料燃烧或转化为电能，减少对化石燃料的依赖，缓解温室效应（孙立明等，2010）。目前该技术主要有反应器体积大、有机负荷低、单位容积产气效率低等缺陷，我国针对这些缺陷做出了相应改进，开发出了热水解预处理、高温厌氧消化、协同厌氧消化等技术，经“热水解—厌氧消化”处理后能提升沼气产量 1.5 倍，脱水后沼渣体积减少 50%以上。

污泥的土地利用分成两类，即与食物链相关的方法和基本避开食物链的方法（赵思源等，2022）。与食物链相关的处理方法指利用无害化处理后的污泥用于苗圃种植（图 3-3）、制肥料等，或将污泥用于农田土壤改良，促进农业生产；基本避开食物链是将污泥用于绿化带种植、林地、改良严重扰动的土地（如矿场土地、森林采伐场、垃圾填埋场、地表严重破坏区等需要复垦的土地）等（杨建设，2007）。

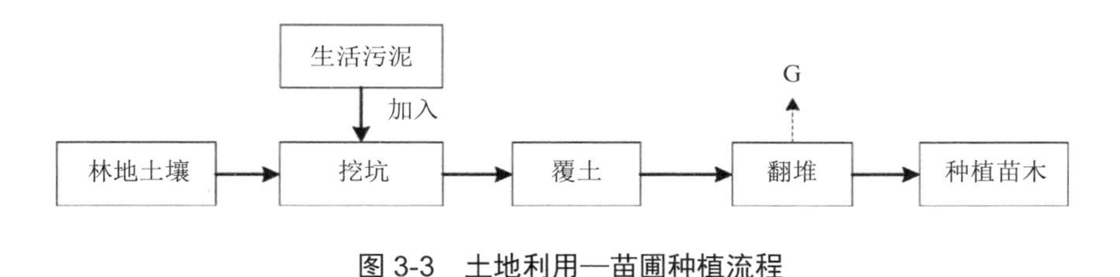

图 3-3　土地利用—苗圃种植流程

污泥的土地利用处置运行费用低、操作简单、投资少，被认为是最有潜力的一种处置方式。在经过厌氧消化后，污泥达到稳定化、无害化目的，且含有丰富的菌群，在科学合理的操作下，将厌氧消化后的污泥用于土地处理，既处置了污泥，又稳定了生态环境。

3.4.2　好氧堆肥—土地利用技术

好氧堆肥是指在有氧条件下，依靠好氧嗜热菌、嗜热菌分解污泥中的有机物，将污泥改造成类似腐殖质的物质。细菌代谢过程释放大量热，可使堆料温度升高至 55℃，杀死大量寄生虫、病原体和病毒，提高污泥肥效，实现污泥减量化、稳定化、无害化（谭克林等，2017）。

好氧发酵（图 3-4）工艺流程简单，投资少，运行成本低，处理后的污泥含水率低、性能稳定，适合用作土壤改良；但在发酵过程中容易产生 NH_3、H_2S 等恶臭气体、粉尘、渗滤液等，易造成二次污染。在进行好氧发酵过程中要严格把控恶臭气体排放浓度、粉尘浓度，增设防渗措施。“十二五”期间，我国在好氧发酵工艺的基础上实现了智能化控制，工艺升级后，研发出滚筒一体化好氧发酵设备。

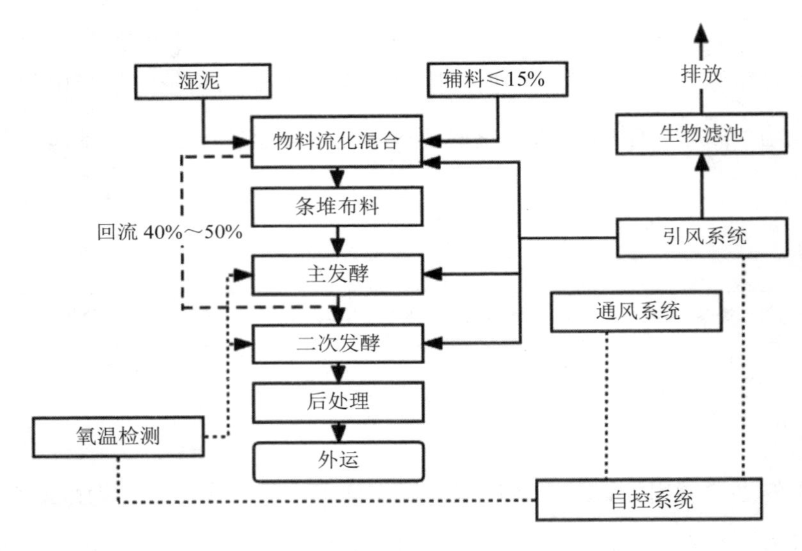

图 3-4　好氧发酵工艺流程

3.4.3　干化焚烧—灰渣填埋或建材利用

污泥焚烧是指利用干化炉对污泥进行脱水，再将脱水后的污泥借助燃料进行燃烧，杀死病原菌，实现无害化处理。污泥不仅可以直接进行焚烧，也可以利用垃圾焚烧炉、电厂燃煤锅炉等实现燃烧，并回收热量。由于污泥焚烧操作简单，并且能真正实现减量化、无害化，在我国应用广泛。但焚烧需要的条件较为苛刻，预处理时必须降低污泥含水率，才能保证焚烧的质量；焚烧过程中会产生大量二噁英、重金属等，容易造成二次污染，且运行成本高。在我国碳达峰、碳中和、可持续发展的方针要求下，应逐渐减少焚烧法的应用。

污泥经过焚烧后的灰渣含有一定量的 SiO_2、Al_2O_3、Fe_2O_3、CaO 等无机物，可用于制作建材的骨料或成为初级建材产品，如制砖、玻璃、水泥、生化纤维板等（周跃男等，2021）。灰渣基本不含有机物，在卫生填埋时一般不会二次发酵、产出大量温室气体（林洁梅等，2011）。

卫生填埋因操作简单、投资成本低，在我国被广泛应用。但卫生填埋的弊端也日益突出：首先，卫生填埋会占用土地资源，且填埋过程中的运输成本较高；其次，填埋场产生的渗滤液可能会渗透进地下水，造成水体污染；最后，随着污泥量的增加，会让填埋场难堪重负，应另寻更好的处置方式。

3.4.4 深度脱水—应急填埋

污泥脱水是指将流态的污泥脱出水分，转化为半固态或固态污泥的一种处理方法，该方法能有效降低污泥的含水率，缩少污泥体积。污泥脱水的主要方式有：真空机脱水、离心式污泥脱水、布袋压榨脱水等，真空机脱水法需要硫酸亚铁或过氧化氢作为助剂，才能使脱水效果较为显著，该方法只能达到无害化要求，无法实现减量化。离心式污泥脱水利用高速旋转下的离心力，实现固液分离，但该方法噪声大，维修困难，不适宜比重接近的污泥的固液分离。布袋压榨脱水法可以利用对污泥层的压榨和剪切力去除污泥中的毛细水，但极易堵塞，需要大量水清洗，造成二次污染。

随着时代发展，世界各国污泥脱水的技术水平不断提高，目前出现了许多新兴污泥脱水工艺，如污泥高干脱水、竖片纤维滤布过滤式污泥脱水等。污泥高干脱水通过物理化学或生物处理等方法让污泥胶体改性，让污泥比阻发生变化，利于提高脱除污泥中束缚水的效率。这种方法相对老式脱水法可以明显控制臭气，让污泥更加容易风化，实现完全粉碎。竖片纤维滤布过滤式污泥脱水较传统过滤脱水模式升级了滤料以及冲洗程序，定向有序排列的专用过滤纤维实现反粒度过滤；负压抽吸反冲洗系统对滤片上的污泥进行扫吸，与此同时滤布被清洗干净（刘洋等，2015）。

深度脱水后的污泥基本实现无害化、减量化，符合填埋要求，但在节能减排的倡导下，填埋只能作为应急性、阶段性的处置技术，不能成为主流。

第 4 章　阳离子聚丙烯酰胺制备及其水处理应用研究

4.1　概述

4.1.1　国内外研究状况

目前水处理方法从宏观上可分为生物法、化学法、物理法及其他的组合法，大部分污水中均含有一种污染物，即悬浮物（SS），大量 SS 进入地表水中会妨碍水生生物生长，导致河道堵塞，是目前地表水水环境恶化的主因之一（Chen Y et al.，2007）。污水中 SS 常用的处理方法有过滤、气浮、沉淀、絮凝等，其中絮凝法因具有效果好、成本低、操作简便等优点目前应用最为广泛。絮凝剂在造纸废水、含油废水、制糖废水、染料废水等废水处理方面均可取得较好的效果。例如，Jianping Wang 等（2011）用淀粉改性阳离子聚丙烯酰胺（CPAM）处理造纸废水，浊度去除率可达到 98.7%，木质素去除率可达到 82.5%。生化法在我国污水处理中仍然占据主导地位，该法在处理污水过程中会产生大量污泥，在处理末端（大部分情况为二沉池中）必须要对处理后的废水采取泥水分离措施，为了简便安全起见，常采取絮凝法实现泥水分离目的（Chen Y et al.，2007）。生化法处理污水产生的污泥由于含水率过高，体积大，还需要进行污泥脱水处理才能送入填埋场处置或采取其他方式处置，这些污泥脱水处理仍然需要使用絮凝剂（关庆庆，2014）。除了污水和污泥处理，絮凝剂在饮用水生产行业也得到广泛应用（刘睿等，2005；张自杰等，2000）。影响絮凝法处理效果最重要的因素就是絮凝剂的性能，选择合适的絮凝剂是该方法的核心，所以提高絮凝剂的性能一直是研究的热点。

4.1.2 絮凝剂分类（张正安等，2019）

根据絮凝剂的化学属性可将其大概分为无机絮凝剂、有机絮凝剂、复合絮凝剂以及生物絮凝剂四种类型（Bolto B，2007）。

4.1.2.1 无机絮凝剂

按金属盐分类，无机絮凝剂大致可以分为铝盐系、铁盐系、锌盐系、钙盐系及其复合金属盐系等类别，其中铝盐系、铁盐系类絮凝剂应用最广，以硫酸铝、氯化铝和硫酸铁、三氯化铁为代表的絮凝剂较为常见。若按阴阳离子成分划分，无机絮凝剂又可划分为盐酸盐类、硫酸盐类和磷酸盐类，如果再进一步细分，按分子量大小则可分成低分子聚合物和高分子聚合物两大类，聚合硫酸铝、聚合硫酸铁就是目前实践中最常用的无机高分子絮凝剂的代表。高分子絮凝剂通常以 OH^- 或其他方式架桥多核络离子，从而由原先的低分子化合物变为巨大的无机高分子化合物，其相对分子质量可高达 10^5 级别。一般情况下无机絮凝剂分子量越高，其絮凝效果越好，这是由于它在污水处理时能吸附大量的胶体微粒，被吸附的胶体又进一步通过黏附、架桥和交联作用，促使胶体凝聚而下沉（Zhu G，2012）。

无机絮凝剂的主要优点是原料来源容易、制备工艺成熟简便，在污水处理中应用比较广泛，但容易造成环境二次污染。有文献记载，铝盐系絮凝剂对人体也存在一定的副作用，过量的铝元素进入消化系统可导致人体骨骼软化，还易于与体内有益元素如硒等结合，造成有益元素缺失，铝盐还会导致非缺铁性贫血症以及老年痴呆症（Zhu G，2011）。除了铝盐系絮凝剂会对环境造成危害，铁盐系、多核复合型絮凝剂均会引起类似的环境负效应。

4.1.2.2　有机絮凝剂

根据有机絮凝剂的性质和来源不同，可将其分为人工合成有机高分子絮凝剂和天然改性高分子有机絮凝剂。

（1）人工合成有机高分子絮凝剂

人工合成有机高分子絮凝剂是指在一定条件下使丙烯酰胺或其他单体发生聚合反应生成的高分子聚合物（方道斌等，2006）。目前污水处理实践中使用最多的人工合成有机高分子絮凝剂为聚丙烯酰胺类絮凝剂，即丙烯酰胺的均聚物或与其他单体的共聚物，它可通过交联或接枝等改性方法得到链状或网状结构的共聚物，也可将含有特殊化学基团的单体与丙烯酰胺单体反应得到特定性能的聚合物。聚丙烯酰胺类絮凝剂一般因其长分子链使得其絮凝时具有很好的架桥吸附作用，可吸附污水中许多溶解性物质和 SS。

按聚丙烯酰胺类絮凝剂所带电荷属性，又可将其分为阳离子型、阴离子型、非离子型、两性型四种类别（Arinaitwe E et al.，2013）。阳离子型聚丙烯酰胺通常是由阳离子单体和丙烯酰胺单体共聚合而成的高分子聚合物，它在絮凝时的作用方式主要有电中和、架桥吸附及网捕卷扫等。可用于制备阳离子型聚丙烯酰胺的阳离子单体很多，目前生产中最常用的有二甲基二烯丙基氯化铵（DMD）、三甲基烯丙基氯化铵（TM）、丙烯酰氧乙基三甲基氯化铵（DAC）和甲基丙烯酰氧乙基三甲基氯化铵（DMC）等，其中 DMD 因具有毒性小、原料来源广、制备简便等优点，更受厂家青睐（Abdollahi Z et al.，2011）。阴离子型聚丙烯酰胺主要由含有羧基（—COOH）、磺酸基（—SO_3H）等负电荷基团的单体与丙烯酰胺单体共聚合而成的高分子聚合物（Guan Q et al.，2014），目前关于该类絮凝剂的研究报道较少，其原因是由于大部分废水具有带负电荷胶体属性，不适合阴离子型絮凝剂处理，但有研究证明其在造纸废水处理方面具有较好的絮凝效果（Wiśniewska M et al.，2016）。

非离子聚丙烯酰胺是一类不带电荷、含有极性基团的高分子聚合物，它在絮凝时的电中和作用较差，但因其分子链长、分子线性好而具有很强的架桥吸附作用，它还可以靠其分子内极性基团的质子化作用或氢键作用吸附微粒，再通过其强大的架桥作用形成较大且易于沉降的絮体。非离子聚丙烯酰胺在造纸废水、选矿废水、冶金废水等工业废水中均应用广泛，也常作为助凝剂与无机絮凝剂复合使用于水处理。

两性型聚丙烯酰胺通常是指其分子中同时含有正、负电荷基团的高分子聚合物。万涛等（2005）研究了两性聚丙烯酰胺类絮凝剂用量、絮凝剂分子形态和 pH 等对染料废水脱色效果的影响，结果表明两性聚丙烯酰胺的脱色范围宽，但脱色效果受 pH 影响较大，在等电点时脱色效果最差。

（2）天然改性高分子有机絮凝剂

天然改性高分子有机絮凝剂是利用化学手段增强某些天然高分子有机物的絮凝性能而生成的絮凝剂。根据制备原料属性，可将改性的天然高分子絮凝剂分为改性淀粉类、黄原胶类、瓜尔胶类、木质素类、羧甲基素（钠）类及其他类别。由于天然改性高分子有机絮凝剂的稳定性能差，且容易发生降解，以致其应用不及人工合成高分子有机絮凝剂广泛。但近年来发现含壳聚糖和植物胶等天然高分子有机物具有稳定性好、不受 pH 变化影响等优点，使得天然改性高分子絮凝剂又成为研究的热点（聂宗利等，2012）。张印堂等（2002）采用不同浓度的浓碱液对含甲壳素的天然高分子进行脱乙酰化反应，制得脱乙酰度分别为 73%、84%、93%的系列絮凝剂（CTS），然后在用其与有机絮凝剂（PAM）、聚合氯化铝（PAC）

对污泥进行对照处理得知，CTS 与 PAM 的处理效果接近，且远好于 PAC。虽然目前天然改性高分子有机絮凝剂的应用不如人工合成高分子有机絮凝剂广泛，但具有无毒、无二次污染、易降解、原料来源广等明显优势，尤其是含壳聚糖和植物胶的天然高分子有机物具有稳定性的优点，有广阔的发展前景。

4.1.2.3　复合絮凝剂

复合絮凝剂因克服了单一絮凝剂适用范围窄、絮凝效果不佳等缺点而得到了迅速发展。根据复合絮凝剂的复合成分可将其分为无机—无机复合絮凝剂、有机—有机复合絮凝剂和无机—有机复合絮凝剂（刘志远等，2011）。

无机—无机复合絮凝剂是在传统的无机单核絮凝剂（如聚合 $FeCl_3$）的制备过程中，通过化学或者物理方法引入 Ca^{2+}、Al^{3+}等一种或几种阳离子，从而制得多核的无机高分子絮凝剂。有机—有机复合絮凝剂是将不同类型的有机絮凝剂混合使用，或者是两种以上单体的共聚物混合使用。无机—有机复合絮凝剂是将无机絮凝剂和有机絮凝剂混合使用，或者是在有机絮凝剂的聚合体系中加入 Fe^{3+}、Al^{3+}等阳离子而得到聚合物。目前关于无机—有机复合絮凝剂的研究与应用最多，因为从絮凝的原理来看，有机絮凝剂具有较强的吸附架桥能力，但电中和作用相对较差，形成的絮体大，结构松散，而无机絮凝剂具有较强的电中和作用，但其架桥吸附能力差，絮凝速度快，形成的絮体体积小而不便于沉降，无机絮凝剂和有机絮凝剂复合使用可以优缺互补，同时具备比较强的电中和能力和架桥吸附能力，从而明显提高絮凝效果（朱艳彬等，2010）。Yongjun Sun（2014）等利用复合絮凝剂聚合氯化铁铝-聚二甲基二烯丙基氯化铵（PFC-CPAM）絮凝处理地表水，结果表明 PFCS-CPAM 的絮凝效果远优于 PFCS 和 CPAM 单独使用的效果。

4.1.2.4　生物絮凝剂

生物絮凝剂是指在真菌、细菌等促使某些物质发酵过程中产生的一类诸如糖蛋白、纤维素、蛋白质、DNA 等高分子代谢产物，再进一步精制而成的具有絮凝性能的物质（Das R et al.，2013）。它具有安全、可自然降解、制备原料丰富及无二次污染等诸多优点，因此受到重视。到目前为止，大多数生物絮凝剂的制备过程因需要接入菌种进行漫长培养，而且一般要以淀粉、葡萄糖、半乳糖等作为碳源，以蛋白胨、牛肉膏等作为有机氮源来培养菌种，以至生物絮凝剂的生产成本很高。此外，生物絮凝剂的制备工艺还不成熟，也制约了其在实践中的发展应用。研究表明，生物絮凝剂在高浊度河水、污泥脱水、染料废水的脱色等方面均可取得较好的效果，而且对调理活性污泥也可取得较好的效果（Zhiqiang Zhang et al.，2010）。

4.1.3 絮凝原理（张正安等，2019）

大部分废水均具有胶体属性，絮凝的过程就是废水中呈胶粒状态的物质在絮凝剂的作用下发生脱稳、凝聚、絮凝、沉降的过程。絮凝剂的具体作用方式及絮凝机理目前存在大量争议，但被大部分学者认可的主要有电中和、架桥吸附、网捕卷扫等作用方式（He Y et al.，2007）。不同类型絮凝剂的絮凝方式不同，大部分絮凝剂絮凝时以其中一种发挥作用或几种絮凝同时发挥作用（常青，1990）。

4.1.3.1 电荷中和

污水中大部分污染物颗粒均带有电荷属性，这些颗粒之所以能以胶体状态均匀稳定地存在于污水中，是由于带同种电荷的胶粒会产生静电斥力，且胶体电位越高，斥力越大，越不易发生凝聚。当向废水中加入带有与污染物胶粒相反电荷的絮凝剂时，污染物胶粒所带电荷被絮凝剂所带电荷中和，造成其双电层压缩变窄，胶体电位趋近于零，在这个状态下污染物胶粒间斥力也会减小趋近于零，此时胶粒在布朗运动作用下将会发生撞击而集结成小的絮体，小的絮体在絮凝剂分子的作用下进一步集结变大而沉降，最终达到去除废水中污染物的目的（Hempoonsert J et al.，2010）。一般无机絮凝剂和离子型有机絮凝剂均具有较强的电中和絮凝作用，而且具有絮凝迅速、絮体密度大等特点。因大部分污水具有带负电胶体属性，适合阳离子型絮凝剂发挥其电中和功能进行处理，其电中和作用过程见图 4-1（陈伟，1990）。

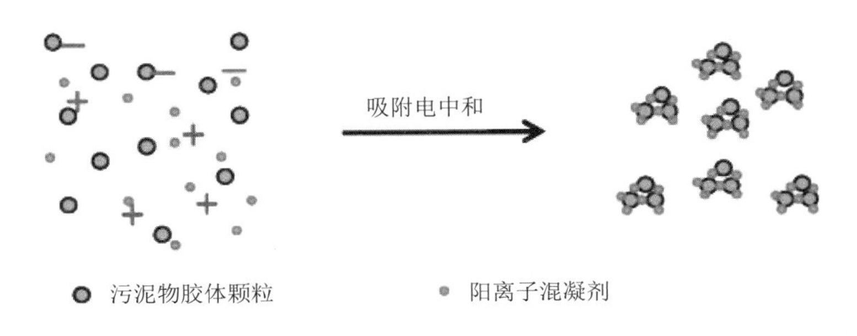

图 4-1　阳离子絮凝剂对胶体颗粒的电中和作用

4.1.3.2　架桥吸附

目前水处理实践所用的絮凝剂大部分均为高分子聚合物，这种絮凝剂溶于水后，其长分子链在自身所带同种电荷斥力的作用下会进一步伸展，分子中含有的各种基团可通过吸附或其他方式与废水中的污染物颗粒相结合。因为这种链状聚合物长度很长，当整个分子链上均吸附大量的胶粒后，便会形成长且粗的絮凝体而沉淀。絮凝剂分子这种将很远距离的胶粒桥连成一个整体的作用方式称为架桥吸附，其作用过程见图 4-2（陈伟，1990）。一般聚合物分子量越高，其架桥吸附作用越强（Runkana V et al.，2006）。

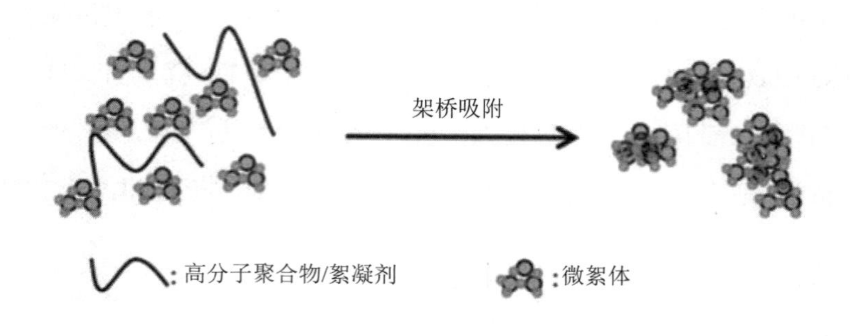

图 4-2 絮凝剂对胶体颗粒的架桥作用

4.1.3.3 网捕卷扫

网捕卷扫是指絮凝剂在废水中形成的初始絮体在水力搅拌或重力作用下会在水中运动一段时间后才能沉降下来，絮体在运动和沉降过程中卷扫、网捕其他一些水中的胶粒形成更大的絮凝体而沉降，从而实现更好的污染物去除效果（Zhu G et al.，2014）。网捕作用的强弱与絮凝剂的投加量及絮凝剂分子量有很大关系，一般情况下，絮凝剂投加量越大、分子量越高，形成的初始絮体越多、体积越大，其网捕卷扫作用越强（Rasteiro MG et al.，2015）。

4.1.3.4 其他絮凝作用方式

除了以上三种主要的絮凝作用方式，絮凝剂还可能会通过氢键、静电引力、化学键合、疏水络合等方式发生絮凝作用。

4.1.4 阳离子聚丙烯酰胺（CPAM）的制备（张正安等，2017）

因大部分污水具有带负电荷的胶体属性，更适合用阳离子型聚丙烯酰胺絮凝处理，使得其应用更为广泛，所以关于 CPAM 的研究应用也比较深入而全面（张鹏等，2010）。目前阳离子聚丙烯酰胺的制备方法主要包括两大类，即聚丙烯酰胺

（PAM）的阳离子改性法和单体共聚法，其中单体共聚法是指丙烯酰胺单体与阳离子单体发生共聚反应的方法，该法是目前 CPAM 合成应用最多的方法，其进一步又可以分为分散聚合法、水溶液聚合法、反相（微）乳液聚合法、胶束聚合法等（卢红霞等，2008）。

4.1.4.1　聚丙烯酰胺（PAM）的阳离子改性法

PAM 阳离子改性法主要是通过羟甲基或曼尼奇（Mannich）聚合反应制备阳离子聚丙烯酰胺，最早在日本进行了大量研究，并取得较好的试验成果，他们的制备思路是在聚丙烯酰胺的主链上引入带正电荷的叔胺和伯胺基团（Lee K E et al.，2011）。我国是从 20 世纪 90 年代才开始研究 PAM 阳离子改性法制备 CPAM，合成过程是先使用强还原性有机物如氯丙烷、二甲胺、甲醛等与聚丙烯酰胺分子链上的胺基发生曼尼奇聚合反应，将聚合物产物再与三甲胺发生季胺化反应，最终获得 CPAM 产品（刘立新等，2011）。该方法制得的 CPAM 具有阳离子度和相对分子质量高且价格低廉等优点，但是它存在稳定性差不易保存、单体残留量高毒性的致命缺点，以致其在水处理应用中受到很大的限制。

4.1.4.2　分散聚合法

分散聚合法最初是在 20 世纪 70 年代由英国研究人员提出并成功制备出产品的方法，我国对该方法的研究在 1980 年前后才开始。它是将丙烯酰胺（AM）与带有双键的季铵盐单体按一定比例加入水中，再加入合适的分散剂使聚合单体尽量分散均匀，然后使用引发体系使单体发生共聚反应生成带正电的阳离子聚合物，产品以球形微粒悬浮于反应介质中，形成稳定的分散体系（黄振等，2013）。张光华等（2010）使用分散聚合法成功制备出 AM 和甲基丙烯酰氧乙基三甲基氯化铵（DMC）的阳离子聚丙烯酰胺产品，并对 DMC 单体用量以及分散介质等因素对聚合物黏度及稳定性的影响进行了研究，结果发现聚合产品以球形形状分散于聚乙二醇（PEG）或聚氧化乙烯（PEO）介质中，聚合体系的黏度随反应时间的延长呈现先增大后减少、体系稳定性随着分散剂用量增多而增强的变化趋势。分散聚合法制得的产品分子质量较低，而且分散剂要求特别严格，目前还没有实现工业化产品生产。

4.1.4.3 水溶液聚合法

水溶液聚合法是目前最为常用的 CPAM 制备方法，它将 AM、阳离子单体、引发剂及其他聚合原料全部溶解于水中，然后通过热或光引发聚合反应即可得到原始的胶状产品，然后将其干燥、粉碎、造粒后即可得到便于运输和使用的粉末状产品（刘立华等，2007）。胡瑞等（2006）将 AM 与 DMC 按照 1∶1 的摩尔配比，使用水溶液聚合法聚合 CPAM，当复合引发剂质量浓度为 0.2‰，单体质量浓度为 35%，聚合溶液 pH 为 5.5～6.5，尿素质量分数为 AM 的 1‰，乙二胺四乙酸二钠质量分数为 AM 的 0.2‰，β-二甲胺基丙腈质量分数为 AM 的 0.3‰，反应时间在 5～6 h 时，制得产品的特性黏度（η）达到 13.95 dL/g。水溶液聚合法的优点是生产工艺成熟，操作方便，工艺安全，现已实现规模工业化生产，缺点是产品中 AM 残留量高，聚合过程中易发生交联反应，使絮凝剂产品的溶解性变差，在聚合反应及干粉造粒过程中均需要加热，因此能耗较高（刘雪婧等，2009）。

4.1.4.4 反相乳液聚合法

反相乳液聚合法制备 CPAM 是将 AM 单体及阳离子单体的水溶液按照合适的比例加入油相乳化剂中，借助乳化剂的作用形成油包水型聚合物体系，然后在引发剂作用下进行乳液聚合（惠泉等，2008）。尚宏周等（2010）采用反相乳液聚合法合成了阳离子型 P(AM-DADMAC)共聚物，研究了引发剂、分散介质、乳化剂等因素对乳液体系稳定性和共聚物特性黏度的影响，结果表明，当试验条件为油水体积比为 1∶2，引发剂 Va-044 浓度为 0.8‰～1‰，pan 80 和 Tween 80

复合乳化剂浓度为4%，水相单体浓度为45%，以煤油作为分散介质，可稳定地发生反相乳液聚合反应，最终得到最大特性黏度为11.96 dL/g的阳离子共聚物。反相乳液聚合法的优点是散热容易、产品纯度高、絮凝性能优异，缺点是生产成本高、稳定性差、脱乳过程复杂，对环境会造成二次污染等（李素莲等，2015）。

4.1.4.5 紫外光引发聚合法

紫外光引发聚合法属于自由基聚合法中的一种，是指在聚合溶液中加入光引发剂，然后采用紫外光激发引发剂形成初始自由基，再与单体反应形成单体自由基，进而引发持续地聚合反应（Wu Y et al.，2009）。紫外光引发聚合法也可由单体直接聚合，但这类单体分子中至少要含有两个以上的光化学活性基团，才能直接吸收相应波长的光而产生自由基以促使合成反应进行，但具备这类条件的单体很少。相较于传统的热引发，紫外光引发聚合所需活化能较低，无须加热，在室温下即可发生聚合反应，这不仅明显降低了能耗，而且容易控制聚合反应，有利于制备出线性好、残单量低、溶解性好的聚合物，因此该引发技术受到越来越多研究者的关注（Zheng H et al.，2014）。目前关于光引发聚合CPAM的研究十分活跃，卢红霞等（2007）通过光辅助引发与水溶液聚合相结合的技术制备P(AM-DMDAAC)共聚物，并考察了引发体系、单体配比、引发温度、pH、光引发剂和络合剂质量分数对产物特性黏数及溶解性的影响，并与传统的引发剂引发聚合产品属性进行了对比，结果显示，在单体浓度30%，$m(DMDAAC):m(AM)=20:80$，引发温度20℃，pH 6.0，引发剂质量分数0.03‰的条件下，制得产物的特性黏度可高达12.08 dL/g以上，溶解时间为67 min。孙永军等（2014）采用紫外光引发溶液聚合法制备出了阳离子型聚丙烯酰胺，并将其用于污泥脱水和特征有机物去除，均取得理想的效果。马江雅等（2014）采用紫外光引发聚合制备获得较大分子量的阴离子聚丙烯酰胺，使用其去除废水中的特征有机物也取得良好效果。

紫外光引发聚合法不仅具备能耗小、生产方便、成本低等特点，还具有反应活化能较低，其在环境温度或者室温下都能引发聚合反应从而便于控制、引发剂用量少、健康安全等诸多优点，所以近年来被广为提倡，但它的反应机理以及干扰因素对聚合产物属性的影响规律等还未研究透彻，尤其是规模化生产时紫外光对反应原料照射不均匀，以至目前还不能实现规模化控制生产，仍需要加强研究才能推广应用。

4.1.4.6 模板聚合法

模板聚合最初是由 Szwarce 提出的一种合成构想，认为聚合时如果单体能沿着长分子链定向排列可以改变或控制聚合反应规律，并把长分子链物质的这种作用称为模板效应（Szwarc M，1954）。后来经 Ballord 等（1956）学者研究证明，模板效应确实存在，并利用模板效应合成制得具有特殊功能的聚合物。目前关于模板聚合还没有一个严格的定义，广义上是指在聚合反应体系中加入一种特殊的高分子物质作为模板，在聚合过程中模板因含有特殊的化学基团可通过化学键作用力如离子键、范德华力、氢键、共价键，或物理作用力如静电等方式与反应物或反应过程中的中间物发生作用，从而改变聚合反应规律，如聚合反应速率、单体竞聚率、聚合物分子序列分布、单体链段长度及分子结构等，最终达到改善聚合物性能的目的（Abdel-Aziz HM et al.，2010；Alalawi S et al.，1990）。所以模板聚合可视为模拟“生物复制”的化学过程，模板在这个过程中相当于对聚合单体起到了“组装”作用。选择适宜的模板可使聚合反应按照设想的规律和秩序进行，从而获得特定分子序列的高分子聚合物。

模板聚合反应可以改变反应的活化能，但是它并不属于催化反应。当单体或者子聚合物占满模板的分子链后，便不能再进一步增长聚合物分子中链长。关于模板聚合的机理，目前大部分学者认为存在两种类型（图 4-3），即Ⅰ型 zip 反应和Ⅱ型 pick-up 反应两种机制（Borai EH et al.，2015）。Ⅰ型 zip 反应的特点是单体在静电引力、氢键或范德华力等力的作用下被组装在模板分子链上，聚合反应开始后，同种单体连续相邻，易于优先发生聚合，从而生成嵌段结构；Ⅱ型 pick-up 反应的特点是少量相同单体先发生聚合反应形成低聚体，低聚体再在静电引力、氢键或范德华力等力的作用下被排列在模板上，然后游离的单体在模板的作用下又进一步与低聚体发生聚合反应形成高聚物。聚合反应属于哪种反应类型一般可通过测定聚合反应速率来判断，一般情况下，如果模板单元与单体的摩尔比为 1 时聚合反应速率最大，其对应的聚合反应类型为Ⅰ型 zip 反应；如果随着模板与单体的摩尔比增加，聚合反应速率达到最大值后保持稳定，其反应类型则为Ⅱ型 pick-up 反应（Połowiński S et al.，2002；Alalawi S et al.，2013）。对于只有两个单体的二元模板聚合反应，如果只有一种单体与模板发生作用，其聚合反应类型一般属于Ⅰ型 zip 反应，如果两个单体均与模板聚合物发生反应一般则属于Ⅱ型 pick-up 反应（Połowiński S et al.，2002；Rahul R et al.，2009）。

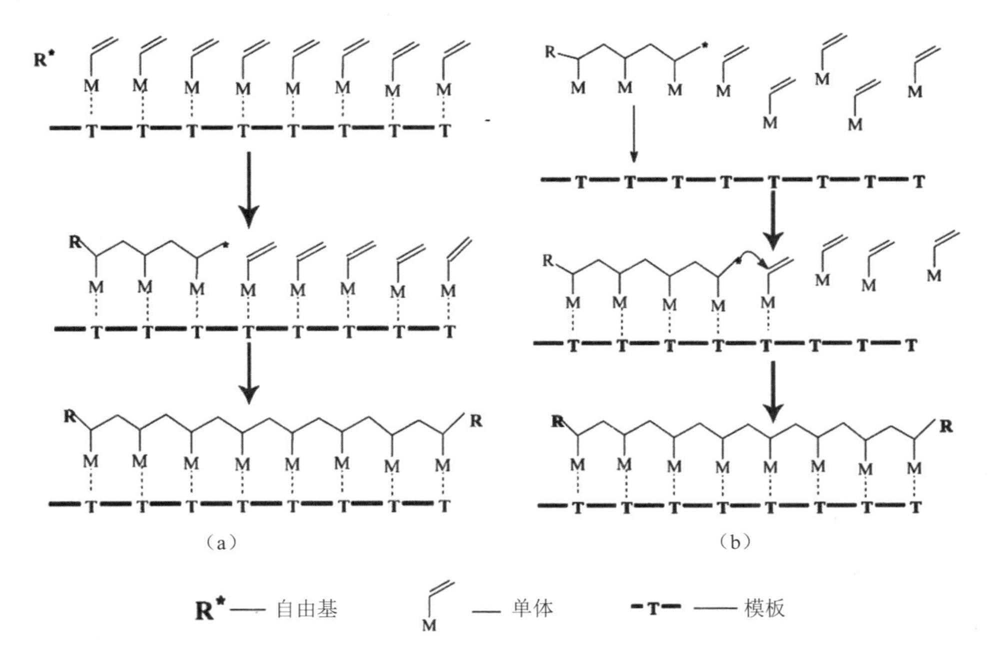

图 4-3　模板聚合反应（a）zip 机制（b）pick-up 机制

模板聚合这种独特的功能使得其具有重要的应用价值，目前模板聚合已经在印刷成像、导电高分子制备、药物载体等方面被广泛应用。例如，Yong Hu（2002）等在壳聚糖的参与下进行丙烯酸聚合反应制备出缔和纳米粒子，经检测发现这种粒子在水溶液中具有很好的分散性和稳定性。

鉴于模板聚合可以控制聚合反应规律、改变聚合产物分子内单体序列分布的功能，近年来曾有学者尝试将其应用于有机絮凝剂的合成，以提高有机絮凝剂的絮凝性能。例如，关庆庆等（2014）以低分子量的阴离子聚合物聚丙烯酸钠为模板，以 AM 和丙烯酰氧乙基三甲基氯化铵（DAC）为聚合反应单体，制备出了具有嵌段结构的 CPAM，这种嵌段结构可以提高 CPAM 的污泥调理性能。张玉玺等（2005）以阳离子聚合物聚烯丙基氯化铵（PAAC）为模板，以丙烯酸（AA）和 AM 作为聚合单体，采用水溶液聚合法成功制备出模板共聚物 P(AM-AA)，并研究了模板属性（如模板添加量、分子量）对聚合反应的动力学特征、聚合物的序列分布、溶液性质等方面的影响，结果表明，添加模板明显改变了聚合反应速率、单体反应活性，促使聚合产物分子中生成明显的嵌段结构，聚合过程中模板 PAAC 主要与阴离子单体 AA 发生静电作用，聚合反应类型主要属于 zip 反应。刘爱红等（2006）以丙烯酸、丙烯酰胺和苯氧基丙烯酸作为聚合单体，使用水溶液聚合法成功合成了它们三者的共聚物，并通过核磁共振波谱表征发现添加模板改变了单体的反应活性以及聚合物的分子序列分布。虽然目前国外已有关于模板聚合在有机絮凝剂制备方面的应用研究，但总体数量很少，而我国对该方面的研究起步更晚，目前只有少量关于机理方面的研究，还需进一步深入研究才有可能使其投入工业化生产和实践应用。

4.1.4.7 胶束聚合法

胶束聚合法是制备疏水性 CPAM 的有效方法，其制备原理是在聚合体系中加入表面活性剂来促进疏水性单体溶解，再与丙烯酰胺单体发生聚合，该方法是一种微观非均相过程，属于自由基水溶液聚合法的范畴（于涛等，2009）。

4.1.5　CPAM 制备方法存在的问题

由上述陈述可知，目前可用于阳离子聚丙烯酰胺制备的方法虽然很多，但它们均存在一些共同的问题。首先，上述聚合方法所制备 CPAM 的聚合反应均无任何规律，分子中所有单体单元均呈无规则随机排列，导致聚合物分子中阳离子单元及正电荷过于分散，无法为带负电荷的污染物提供较好的静电引力接触点（图 4-4），无法充分发挥阳离子单体的电中和功能（王孟等，2004）。同理，聚合物分子中丙烯酰胺单元上的酰胺基过于分散不便于与污染物之间形成氢键，也不利于 CPAM 的絮凝性能发挥。有些厂家为了提高 CPAM 的电荷密度即阳离子度，采取增加聚合原料中阳离子单体含量的措施，但目前生产中最常用的二甲基二烯丙基氯化铵（DMD）、三甲基烯丙基氯化铵（TM）、DAC 和 DMC 等阳离子单体价格均明显高于丙烯酰胺单体，增加聚合原料中阳离子单体含量会导致 CPAM 的生产成本过高。而且丙烯酰胺单体的反应活性一般要高于阳离子单体，增加聚合原料中阳离子单体含量虽然提高了聚合物的阳离子度和聚合物电中和絮凝作用，但同时导致丙烯酰胺在聚合原料中含量下降，这又会导致聚合物的分子量下降，进而可能削弱聚合物架桥的吸附絮凝能力。其次，CPAM 制备方法在链增长的过程中定向性差，容易发生交联，以致聚合产物的线性不够好，影响产物的溶解。目前用于规模化生产 CPAM 的主要是水溶液聚合法，但也存在 AM 残留量过高、能耗大等方面的缺陷。其他方法存在生产工艺不成熟、生产成本过高、产品质量太差、二次污染过于严重等一方面或多方面问题，一直很难运用于生产。紫外光引发聚合物是近年来广为提倡的方法，但除存在上述共性问题之外，其聚合机理还没研究透彻，仍需要进一步深入研究。

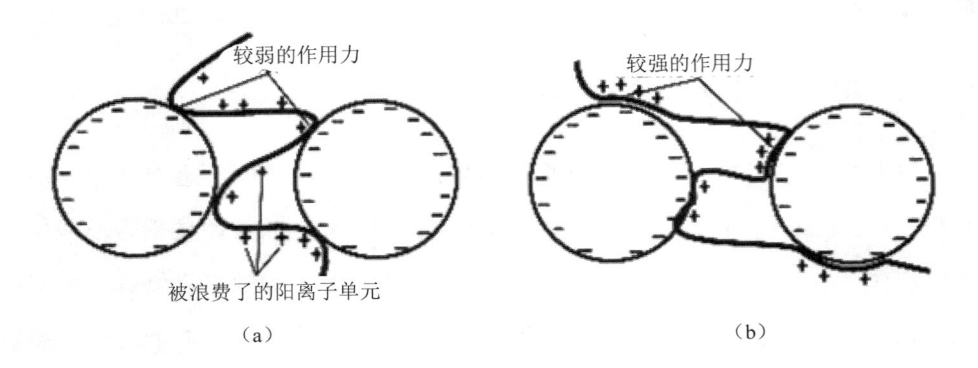

图 4-4 阳离子分散的 CPAM（a）和阳离子集中的 CPAM（b）电中和作用

4.2 模板聚合阳离子聚丙烯酰胺处理煤矿废水研究

传统方法制备的 CPAM 产品均存在一个共同的缺点，即聚合物分子中阳离子单体随机分布且过于分散，絮凝时不能为带负电的胶粒污染物提供强有力的吸附点，导致阳离子单体的电中和功能不能充分发挥。增加聚合原料中阳离子单体含量可以提高聚合物分子中电荷密度，但会导致生产成本高，还有可能造成聚合物分子量和架桥吸附能力下降。如果在聚合物分子中阳离子单元有限的情况下，改善分子内阳离子单元的序列分布，增长阳离子单体链段长度，使阳离子单元相对集中，这样不仅可提高聚合物分子中的局部电荷密度，絮凝时为带负电荷的胶粒提供强有力的吸附点，而且能促进 CPAM 分子链在溶液中伸展，便于其架桥作用的发挥。

模板聚合法可以控制聚合反应规律，对聚合单体具有“组装”功能，从而改善聚合物分子的序列结构。如果将模板聚合法应用于阳离子聚丙烯酰胺的聚合过程，则有可能改善聚合物分子中阳离子单元的序列分布，形成阳离子嵌段结构，从而解决 CPAM 分子中电荷过于分散的问题。目前工业生产 CPAM 的方法主要为水溶液聚合法，在聚合溶液中阳离子单体具有带正电荷属性，而丙烯酰胺（AM）为电中性，根据模板聚合的原理，如果向 CPAM 聚合体系中添加一种分子链长线性结构好的阴离子聚合物作为模板，带负电的模板与带正电的阳离子单体之间将会发生静电引力作用，使阳离子单体沿模板分子链定向连续排列，当聚合反应开始后，连续相邻的阳离子单体之间易于优先发生合成反应，从而生成聚合物分子内阳离子单元连续相邻的嵌段结构。这种嵌段结构具有电荷密度高、链段长的特点，絮凝时可以为带负电的胶粒提供强有力的吸附点，有助于发挥聚合物的电中和功能。

阳离子聚丙烯酰胺在作为絮凝剂使用时，应用较广泛的就是水处理和污泥脱水。本章研究选用阴离子聚合物聚丙烯酸钠（PAAS）作为模板，以 AM 和二甲基二烯丙基氯化铵（DMDC）为聚合单体，使用紫外光引发模板聚合法尝试制备有机混凝剂阳离子聚丙烯酰胺（TPDA），然后用其絮凝处理煤矿废水，根据处理效果和现象，验证分析模板聚合法制备的阳离子型聚丙烯酰胺的絮凝方式、絮凝机理及絮凝效果。为了更好显示模板聚合法制备的阳离子型聚丙烯酰胺的絮凝性能，研究试验同时使用 CPDA（紫外光引发合成法制备非模板聚合物）以及 CCPAM（一种从市场上购买的商业阳离子聚丙烯酰胺）作为絮凝剂处理煤矿废水，通过三种絮凝剂的絮凝对照试验，调查研究模板聚合物的真实絮凝效率以及阳离子嵌段结构对聚合物絮凝性能的影响。

4.2.1　试验材料与方法

本章试验所用的试剂详见表 4-1，试验所使用的仪器设备详见表 4-2。

表 4-1　试验所用的试剂

名称	规格	产地
丙烯酰胺（AM）	工业纯	济南智恒致远化工科技有限公司
二甲基二烯丙基氯化铵（DMD）	工业纯（浓度 60%）	淄博宏泰化工有限公司

名称	规格	产地
聚丙烯酸钠（PAAS）	工业级，分子量 3 000	山东鑫泰水处理有限公司
偶氮二异丁脒盐酸盐（V-50）	分析纯	上海瑞龙生化有限公司
乙二胺四乙酸二钠（EDTA）	分析纯	山东浩中化工科技有限公司
尿素	分析纯	东莞市乔科化学有限公司
无水乙醇	分析纯	永兴县天唯达化工有限公司
稀盐酸（HCl）	分析纯	重庆川东化工试剂厂
氢氧化钠（NaOH）	分析纯	重庆川东化工试剂厂
氮气（N_2）	＞99.9%	宜宾市友谊科贸有限责任公司

表 4-2　试验仪器设备

试验仪器	型号	生产厂家
紫外光灯	500W	上海季光特种照明电器厂
pH 计	FE20K	梅特勒—托利多仪器有限公司
电子天平	AL104	梅特勒—托利多仪器有限公司
电热恒温鼓风干燥箱	DHG-9640	上海海向仪器设备厂
电热恒温振动水槽	HD-002-H	东莞鸿德检测设备有限公司
电热恒温水浴锅	HS.SY2-P4	北京华盛谱信仪器有限责任公司
乌氏粘度计	0.5～0.6 mm	上海申谊玻璃制品有限公司
玻璃砂芯漏斗	G2 10～15	上海垒固仪器有限公司
循环水式真空泵	SHZ-D（Ⅲ）	河南爱博特科技发展有限公司
pH 计	FE20K	梅特勒-托利多仪器有限公司
Zeta 电位测定仪	Zetasizer Nano 3000	英国马尔文公司
六联絮凝试验搅拌机	ZR4-6	深圳中润水工业技术发展有限公司
精密电子天平	AL104	梅特勒—托利多仪器（上海）有限公司
激光粒度分布仪	BT-9300S	丹东百特科技有限公司
电热恒温鼓风干燥箱	DHG-9640	上海海向仪器设备厂
全玻璃微孔滤膜过滤器	CH-CB-2	常州未来仪器制造有限公司
GN－CA 滤膜	—	上海兴亚净化材料厂
其他	真空抽滤瓶，漏斗，秒表，干燥器，称量瓶、烧杯、量筒等玻璃仪器	

4.2.2　模板聚合法制备阳离子聚丙烯酰胺（TPDA）

在实验室室温环境下，按照原料摩尔配比 *n*（T）/*n*（DMD）/*n*（AM）值为 3∶3∶7 的比例，将 AM、DMD 及 PAAS 加入反应试剂瓶中，再按照单体质量分数为 30%的比例加入蒸馏水，尿素质量分数为 0.3%的比例加入尿素，振荡摇匀后调节 pH 至 7，然后通入氮气约 20 min 以驱除瓶内 O_2，在驱氧期间加入 V-50 光引发剂使其浓度达到 0.5‰，驱氧结束后密封反应试剂瓶，然后将其用紫外光高压汞灯照射引发单体聚合，紫外光光照时间为 80 min。将反应后的试剂瓶置于常温条件下 1 h 进行冷却熟化即可得到 TPDA 粗制品。将所制得的 TPDA 粗制品用 10 倍于其质量的蒸馏水溶解，然后取一定量的 TPDA 溶液用盐酸或氢氧化钠调节至 pH＜2（促进模板 PAAS 的溶解分离），再将其倒入盛有无水乙醇的烧杯中提纯，获得纯度更高的 TPDA 沉淀物，再用无水乙醇多次洗涤提纯 TPDA 沉淀物，然后烘干研磨过筛，最终制得模板聚合物（TPDA）粉末。非模板聚合物 CPDA 制备过程中不加模板 PAAS，聚合溶液 pH 调节至 6，光引发剂（V-50）浓度 0.4‰，紫外光照射时间为 70 min，提纯时无须调节 pH＜2，直接用无水乙醇洗涤提纯，其余过程与模板聚合物 TPDA 制备相同。但制备过程中尝试改变不同浓度的光引发剂用量，最终制得表 12-3 中特性黏度相近的模板聚合物 TPDA 和非模板聚合物 CPDA。因为紫外光引发合成的聚合物 TPDA 和 CPDA 目前还不具备市场规模化生产和工程应用，所以在絮凝处理煤矿废水时选用一种目前已广泛应用的商业絮凝剂 CCPAM 作为对照，以更好地研究清楚模板聚合物 TPDA 的絮凝效果。为了使三种聚合物的絮凝试验结果尽可能具有可比性，选用的 CCPAM 絮凝剂尽可能与 TPDA 和 CPDA 具有相同的特性黏度。三种聚合物的相关属性详见表 4-3。

表 4-3 絮凝试验所用絮凝剂

代码	絮凝剂描述	特性黏度/（dL/g）	相对分子量估算值
TPDA	聚合原料中 n（T）∶n（DMD）∶n（AM）= 3∶3∶7	7.19	3 185 970
CPDA	聚合原料中 n（T）∶n（DMD）∶n（AM）= 0∶3∶7	7.22	3 233 552
CCPAM	购于巩义怡清水净化材料有限责任公司	7.24	3 271 949

4.2.3 污水样品

絮凝试验所用的污水来源于某煤矿矿井废水，废水主要是矿井涌水、防尘废水等混合的废水，水样采集后立即被送往实验室冰柜中 4℃条件下保存待用，并对污水水样的水质特性进行分析，其结果见表 4-4。

表 4-4 絮凝试验所用的煤矿废水的水质特性

SS/（mg/L）	COD/（mg/L）	pH	Zeta 电位/mV	浑浊度/NTU	传导率/（mS/cm）	颜色
465.8±1.4	47.8±0.6	7.59±0.32	–49.6±0.4	282.7±0.6	3.2±0.5	黑

4.2.4 絮凝试验内容

4.2.4.1 试验方案

①絮凝处理煤矿废水：按照单因素试验设计方案，在实验室室温条件下，将盛有 500 mL 煤矿废水的玻璃烧杯置于六联絮凝搅拌仪上，调节废水的 pH 至预定值，并投加预定量的絮凝剂，以 300 r/min 的速度搅拌至预定时间，然后静置 30 min，使废水发生絮凝沉淀作用，然后测定静置后废水中的 Zeta 电位及残余 SS 浓度，

分析絮凝剂用量和 pH 对絮凝剂絮凝性能的影响。根据单因素试验结果，采用响应面优化法进一步优化 TPDA 的絮凝条件。

②絮体沉降：为了深入判断聚合物的絮凝行为，另外一个关于调查絮体沉降特性的絮凝试验被执行。选取三个体积均为 1 L、刻度高为 29.8 cm 的量筒，每个量筒中均加入 1 L 煤矿废水，使用 TPDA、CPDA、CCPAM 作为絮凝剂，分别按照单因素试验研究得出的三种聚合物最佳絮凝条件进行絮凝，絮凝搅拌结束后按等时间间隔记录量筒中絮体与水的界面高度，根据絮体界面沉降高度计算絮体的沉降速率。絮凝沉淀结束稳定后取一定量的絮体样品立刻转移至粒径分析仪的分散单元中用于测定絮体的粒径分布，测量过程中保持缓慢的搅拌以防止絮体凝集。根据测得的絮体的沉降速率以及絮体的粒径分布，分析判断三种聚合物的絮凝的行为和机理。

4.2.4.2　絮凝试验各指标的测定

①废水胶体电位（Zeta 电位）的测定：Zeta 电位也叫 ζ 电位，具体指的是胶体剪切面的电位，它反映胶体表面所带电荷属性，也是判断胶体分散系稳定性的重要依据。一般情况下，当胶体体系 Zeta 电位低于 –30 mV 或高于 30 mV 时，胶体体系均能保持稳定性；当胶体体系中 Zeta 电位在 –30～30 mV 范围内时，易发生胶体脱稳凝聚现象，Zeta 电位越趋近于 0，凝聚性越强（曹广胜等，2009）。当用絮凝剂处理废水时，通过测定废水中 Zeta 电位、分析 Zeta 电位变化的速率，也可判断絮凝剂的絮凝行为。本试验中使用 Zeta 电位测定仪测定絮凝处理后废水中的 Zeta 电位，并结合废水中 SS 的去除情况，判断三种聚合物的电中和作用的强弱及絮凝方式。

②絮凝处理后废水中残余 SS 浓度的测定：准确量取一定量经絮凝处理且静置后的煤矿废水，转移至放有 0.45 μm 的滤膜漏斗中进行过滤，采取抽滤措施使全部煤矿废水通过滤膜，然后使用蒸馏水洗涤滤膜至少 3 次，继续抽滤一段时间

以尽量抽滤去除残留在滤膜中的痕量水分，用镊子取出载有 SS 的滤膜放在洁净且已称量至恒重的称量瓶里，将称量瓶连同滤膜一并移入烘箱中，于 103～105℃下烘干 1 h，然后将称量瓶连同滤膜一并移入干燥器中，使其冷却到室温，再称量其重量。反复烘干、冷却、称量，直至两次称量的质量差不超过 0.000 4 mg 为止。絮凝处理后废水中残余 SS 浓度可按下式计算：

$$Y(\text{mg/L})=[(X-Z)\times 1\,000]/V \tag{4.1}$$

式中：Y——絮凝处理且静置后废水中残余 SS 浓度，mg/L；

X——称量瓶、滤膜、SS 三者的总质量，mg；

Z——称量瓶和滤膜的总质量，mg；

V——用于过滤的絮凝处理后的废水体积，mL。

③絮体沉降速率估算：一般情况下，絮体沉降速率越快，絮凝效果越好。测定絮体沉降速率时，按照等时间间隔的频率记录量筒中絮体界面的高度，相邻两次界面的高度差除以间隔时间所得到的值即视为该段时间内絮体沉降速率。絮体沉降速率的估算公式如下：

$$V=\Delta H/\Delta T \tag{4.2}$$

式中：V——絮体沉降速率，m/s；

ΔH——间隔时间内絮体界面高度差，m；

ΔT——记录间隔时间，s。

④絮体粒径分布的测定：通过絮体粒径大小分布可以反映絮凝剂的主要絮凝方式，一般情况下，絮凝剂通过电中和作用产生的絮体体积小而密实，而架桥作用产生的絮体体积大而松散。本试验中使用激光粒径分析仪分析絮体尺寸大小的分布。

4.2.5　聚合物絮凝处理煤矿废水试验结果分析

4.2.5.1　单因素试验结果与分析

（1）投加量对聚合物絮凝性能的影响

图 4-5 是在不同投加量时 TPDA、CPDA 和 CCPAM 三种絮凝剂絮凝效率的变化情况，从图中可以看出，三种聚合物的絮凝效率呈现相似的变化规律，即随着三种聚合物投加量（废水中聚合物浓度）的增加，废水中残余 SS 浓度均呈现先下降后上升的趋势，而絮凝处理后废水中的 Zeta 电位均呈现持续上升趋势。随着废水中三种絮凝剂浓度的继续增加，废水中残余 SS 浓度先迅速下降，降至最低值以后又开始缓慢上升，这种现象是由胶体的复稳造成的，是由于废水中投加了过量带有正电荷的絮凝剂，导致已形成絮体胶粒间的静电斥力增加并重新扩散溶解于废水中，从而导致废水中残余 SS 浓度增加，这符合阳离子聚丙烯酰胺絮凝处理污水的常规变化规律（Sabah E et al.，2004）。再进一步比较发现，三种聚合物的絮凝效率及性能存在明显区别，首先，在整个投加量范围内，模板聚合物 TPDA 在去除 SS 效率上明显优于另外两种聚合物，例如，TPDA 在投加量为 6.0 mg/L 时，废水中残余 SS 浓度可达到最低值约 26.7 mg/L，而 CPDA 和 CCPAM 在最佳投加量分别为 7.0 mg/L 和 8.0 mg/L 获得絮凝处理后，废水中 SS 浓度最低值仍分别高达 31.8 mg/L 和 33.2 mg/L，说明模板聚合物具有最好的絮凝效率；其次，TPDA 的胶体复稳现象也没有另外两种聚合物明显，例如，当 TPDA 投加量在达到最佳值以后并没有立刻发生明显的胶体复稳，而是保持稳定一段时间，直至投加量超过 8.0 mg/L 以后才出现明显的胶体复稳现象。图 4-5 中还显示，随着三种聚合物投加量的增加，絮凝处理后废水中 Zeta 电位均呈现持续上升趋势，但 TPDA 絮凝处理后废水中的 Zeta 电位明显高于 CPDA 和 CCPAM 所对应的 Zeta 电位值，说明模板聚合物在絮凝过程中具有最强的电中和作用，这主要是由于模板聚合物

分子中含大量的 DMD 嵌段结构，这种阳离子嵌段结构有助于充分发挥 TPDA 的电中和功能，从而提高其絮凝处理污水时的絮凝效果。最后，当三种聚合物处在最佳絮凝状况，即废水中 SS 浓度降至最低值时，模板聚合物 TPDA 处理后的废水中 Zeta 电位相对于非模板聚合物更接近于零，说明电中和作用在模板聚合物的絮凝行为中占主导地位（Wang JP et al.，2009），而非模板聚合物 CPDA 除了电中和作用，吸附架桥或其他絮凝方式也发挥了较大的作用。此外，模板聚合物 TPDA 中阳离子嵌段之间较强的静电斥力可以促进其分子在废水溶液中更好地伸展，这也有助于其絮凝过程中架桥作用的发挥。综上所述，TPDA、CPDA 和 CCPAM 最佳絮凝效果时的投加量分别取 6.0 mg/L、7.0 mg/L、8.0 mg/L。

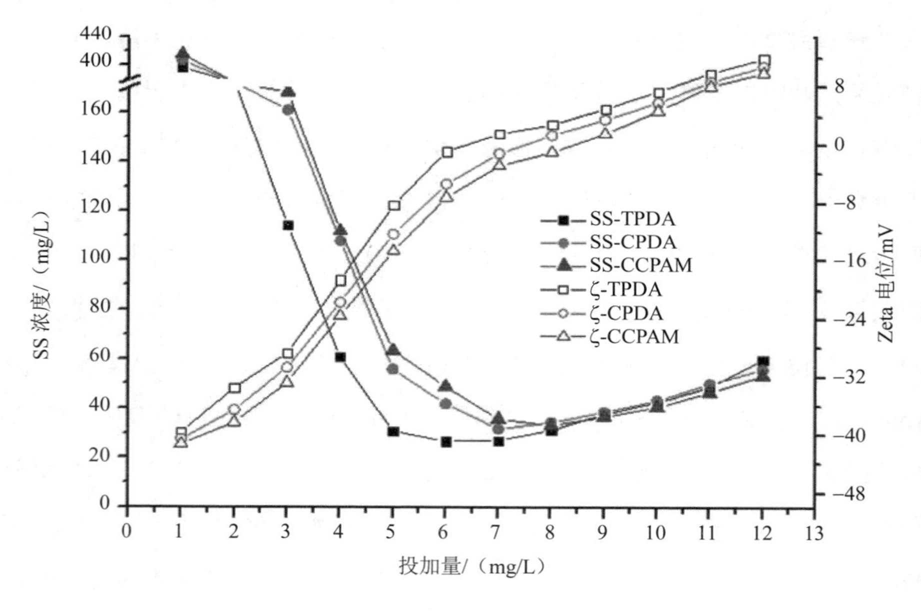

图 4-5　絮凝剂用量对聚合物絮凝效率的影响

（2）废水 pH 对聚合物絮凝性能的影响

图 4-6 是当废水中 TPDA、CPDA 和 CCPAM 浓度分别在 6.0 mg/L、7.0 mg/L 和 8.0 mg/L 时，废水 pH 变化对三种聚合物絮凝性能的影响情况。从图中可以看出，

随着废水 pH 的增加，TPDA 所对应的废水中残余 SS 浓度在 pH 为 2.0～5.0 范围内急剧下降，在 pH 为 5.0～7.0 总体保持稳定，在 pH 为 7.0～11.0 时又明显上升。在 pH 为 5.0～7.0 时，废水中残余 SS 浓度始终稳定在最低值 20.4 mg/L，表明该 pH 范围最有利于 TPDA 絮凝性能的发挥。当 pH＜5 或 pH＞7 时 SS 浓度增加，是由于过高或者过低的 pH 增强了胶粒间的静电斥力，导致发生胶体复稳。废水 pH 的变化对 CPDA 和 CCPAM 絮凝性能的影响与对 TPDA 的影响整体相似，不同的是，在废水 pH 为 4～11 的范围内，TPDA 处理的废水中具有最低的 SS 浓度，在整个 pH 范围内具有最高的 Zeta 电位，TPDA 的这种优势仍然归功于其分子内的阳离子嵌段结构。当 pH＜4 时，TPDA 具有最高的 SS 浓度，这是由于嵌段结构具有更强的静电斥力促使更多的絮体溶解造成的（Zhang Z et al.，2016）。当 pH 超过最佳值后，TPDA 絮凝产生的絮体并没有立即发生复稳，而是在废水 pH 为 5.0～7.0 废水中 SS 浓度一直保持稳定，废水中的 Zeta 电位在这期间则持续保持下降，这种现象不符合絮凝剂的电中和和架桥吸附作用的常规变化规律。也许是由于 TPDA 发生了静电补丁絮凝作用造成了上述现象（Guan Q et al.，2014），即 TPDA 在絮凝过程中，其分子中阳离子嵌段在静电引力的作用下与带负电荷的胶粒接触时，它所带电荷因具有密度高且分布不均匀的特点并不能立即完全被负电荷中和，以至其在废水 pH 为 5.0～7.0 范围内时仍具有絮凝作用。然而聚合物 CPDA 和 CCPAM 分子中因阳离子单体随机均匀分布，所带电荷很容易完全被带负电的胶粒及氢氧根离子完全中和，不具备静电补丁絮凝作用，所以当废水 pH 超过它们的最佳值后，立刻发生胶体复稳以至 SS 浓度立刻上升。图 4-6 显示，随着废水 pH 的增加，废水中胶体电位持续下降，这是由于聚合物及胶粒所带的正电荷逐渐被带负电荷的氢氧根离子中和的缘故。综上所述，TPDA、CPDA 和 CCPAM 最佳絮凝 pH 分别为 6、6、7，TPDA 絮凝处理煤矿废水时对 pH 的要求更为宽松。

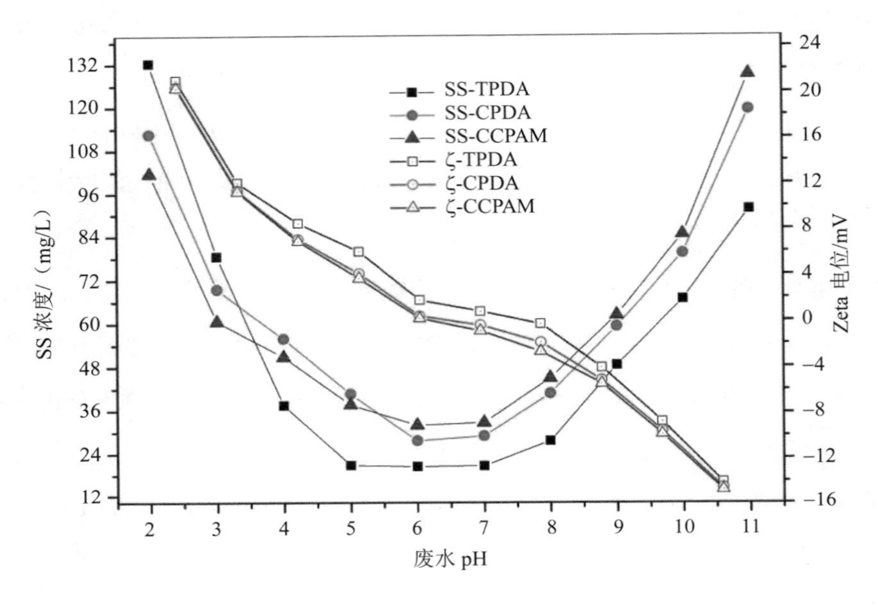

图 4-6 废水 pH 对聚合物絮凝效率的影响

（3）搅拌时间对聚合物絮凝效率的影响

图 4-7 是废水中 TPDA、CPDA 和 CCPAM 浓度分别为 6.0 mg/L、7.0 mg/L 和 8.0 mg/L，对应的废水 pH 分别为 6、6、7 时，搅拌时间对三种聚合物絮凝性能的影响情况。从图中可以看出，随着搅拌时间的延长，模板聚合物 TPDA 处理的废水中 SS 残余浓度先是快速下降，这是由于絮凝剂在该阶段通过电中和架桥作用吸附了废水中大量的 SS 颗粒形成絮体，降低了废水中 SS 的浓度。随着搅拌的继续进行，已经形成的且相互分散的小絮体与其他絮体集结形成更大的絮体，沉降性能增强，SS 的浓度也随之继续下降；当搅拌时间达 6 min 时，SS 浓度降至最小值 20.1 mg/L，TPDA 基本上完成了主要絮凝过程，此时最有利于絮凝的沉降。当继续延长搅拌时间，已形成的絮体反而会被打碎，又会分散为小的絮体颗粒，导致絮体的沉降性能下降，所以当搅拌时间超过 6 min 以后，废水中的 SS 浓度又缓慢地有所上升。当停止搅拌后，被打碎的絮体理论上还可以再凝集形成大的絮体，

但相较于打碎前其粒径要小很多，其沉降性能也不如之前，所以过多的搅拌时间反而不利于 SS 的去除。搅拌时间对 CPDA 和 CCPAM 等去除 SS 的影响情况与 TPDA 的相似，只是最佳搅拌时间不同，而且 SS 去除率也低于 TPDA。

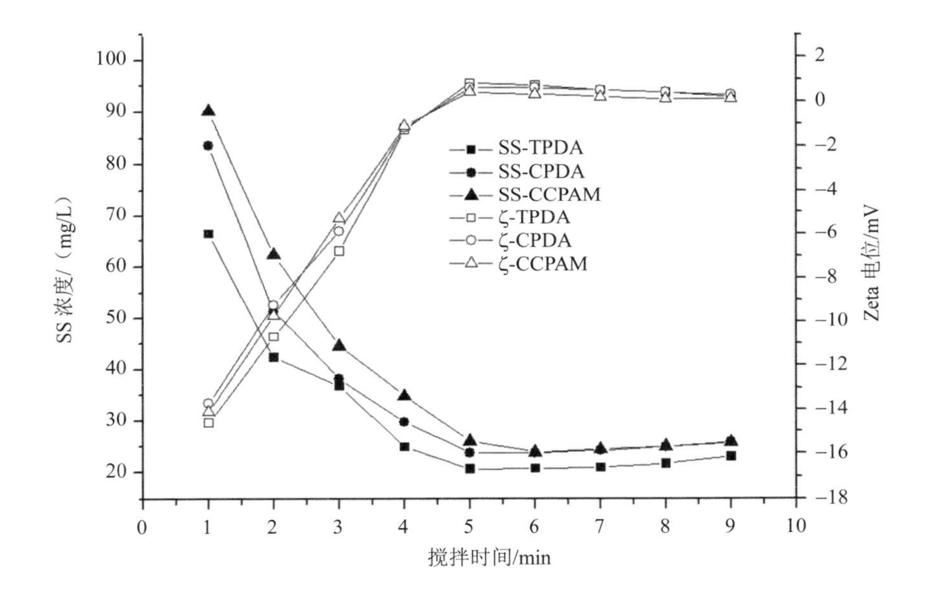

图 4-7　搅拌时间对聚合物絮凝效率的影响

从图 4-7 中 Zeta 电位的变化曲线可以看出，随着搅拌时间的延长，三种聚合物的 Zeta 电位均迅速上升至最大值 0 mV 左右，然后稍微有所下降。Zeta 电位的这种变化规律仍然是由聚合物的絮凝作用造成的，在搅拌时间在 6 min 以内时，搅拌时间越长越有利于聚合物分子与废水中 SS 充分接触混合，絮凝越充分，带负电的 SS 去除率越高，所以废水的 Zeta 电位迅速上升；搅拌时间超过 6 min 以后，形成的絮体被破碎，反而不利于 SS 的沉降去除，所以废水中 Zeta 电位又会下降。Zeta 电位的这种变化与 SS 浓度的变化呈负相关，这符合阳离子絮凝剂处理带负电胶体属性废水的一般变化规律（Elisabete Antunes et al.，2008）。

4.2.5.2 TPDA 絮凝去除 SS 的响应面优化研究结果与分析

（1）响应面优化研究方案

根据单因素试验结果，TPDA 投加量，废水 pH、絮凝搅拌时间均对 TPDA 絮凝去除废水中 SS 效率影响显著，且存在优化值。为进一步调查研究 TPDA 最佳絮凝条件，本章试验根据单因素试验结果，利用响应面 Box-Behnken 设计进一步优化上述三个因素值设置，以进一步提高 TPDA 对煤矿废水中 SS 的去除效率。优化试验的自变量因素编码及水平设计值见表 4-5，其中聚合物投加量、废水 pH、絮凝搅拌时间等自变量分别用 Z_1、Z_2、Z_3 表示，每个变量因素分别用 –1、0、+1 分别表示它们的 3 个水平，按照方程 $z_i = (Z_i - Z_0)/\Delta Z$ 对每个自变量进行编码，式中，z_i 为变量的编码值，Z_i 为变量的实际值，Z_0 为变量试验中心点处的实际值，Δz 为变量的变化步长。

表 4-5 Box-Behnken 实验设计变量因素及水平

因素	编码	水平		
	z_i	–1	0	+1
TPDA 投加量/（mg/L）	Z_1	5	6	7
废水 pH	Z_2	4	6	8
搅拌时间/min	Z_3	4	6	8

优化试验中变量因素为 TPDA 投加量、废水 pH、搅拌时间，优化目标的响应值为煤矿废水中 SS 的去除率。根据变量的设计值及对应的试验测试值进行线性回归拟合，建立它们之间的函数关系式，即预测模型。本研究除了考虑每个变量自身对絮凝处理废水中 SS 的最大去除率的影响，还考虑了变量因素间交互效应和二次作用对絮凝处理废水中 SS 的最大去除率的影响，所以设絮凝处理废水中 SS 的最大去除率和变量因子之间的二阶预测模型为（Luo M et al.，2013）：

$$Y= A_0 + A_1Z_1 + A_2Z_2 + A_3Z_3 + A_{12}Z_{12} + A_{13}Z_{13} + A_{23}Z_{23} + A_{11}Z_1^2 + A_{22}Z_2^2 + A_{33}Z_3^2 \qquad (4.3)$$

式中：Y——预测响应值（废水中 SS 浓度的去除率）；

A_0——常数项；

A_1、A_2、A_3——TPDA 投加量、废水 pH、絮凝搅拌时间等变量的一次线性系数；

A_{12}、A_{13}、A_{23}——对应变量因素间的交互项系数；

A_{11}、A_{22}、A_{33}——TPDA 投加量、废水 pH 和絮凝搅拌时间变量的二次项系数；

Z_1、Z_2、Z_3——聚合物投加量、废水 pH 和絮凝搅拌时间一次项对聚合物特性黏度的影响；

Z_1^2、Z_2^2、Z_3^2——TPDA 投加量、废水 pH、絮凝搅拌时间二次项对聚合物特性黏度的影响；

Z_{12}、Z_{13}、Z_{23}——TPDA 投加量、废水 pH、絮凝搅拌时间两两之间交互效应项对废水中 SS 浓度去除率的影响。

（2）SS 去除结果及预测模型建立

在本优化试验研究中，考察 TPDA 投加量、废水 pH、絮凝搅拌时间 3 个因素对 TPDA 絮凝处理煤矿废水中 SS 的最大去除率的影响，利用 Design-Expert 8.0.6 软件中 Box-Behnken 优化法共设计了 17 组模板聚合物试验，其中包括 12 次析因试验和 5 次检验误差的中心试验，然后按照每组试验的各变量因素设计值进行 TPDA 絮凝处理，各组试验变量值及其获得的废水中 SS 的最大去除率测试结果见表 4-6。

表 4-6 TPDA 去除废水中 SS 的 Box-Behnken 试验方案及结果

试验序号	编码值			实际值			响应值（SS 去除率）	
	Z_1	Z_2	Z_3	Z_1	Z_2	Z_3	实际值	预测值
1	0	0	0	7	6	6	96.41	96.35
2	0	0	0	7	6	6	95.68	96.35
3	0	−1	1	7	4	8	93.55	93.58
4	0	1	−1	7	8	4	93.82	93.79
5	1	0	1	8	6	8	94.36	94.34
6	−1	1	0	6	8	6	92.75	92.68
7	0	0	0	7	6	6	96.98	96.35
8	0	0	0	7	6	6	96.5	96.35
9	−1	−1	0	6	4	6	91.67	91.73
10	−1	0	1	6	6	8	93.02	92.94
11	0	0	0	7	6	6	96.1	96.35
12	1	0	−1	8	6	4	93.15	93.23
13	−1	0	−1	6	6	4	92.21	92.23
14	0	1	1	7	8	8	94.62	94.69
15	1	−1	0	8	4	6	92.85	92.84
16	1	1	0	8	8	6	94.09	94.04
17	0	−1	−1	7	4	4	92.75	92.76

根据表 4-6 中变量值及对应的 SS 去除率的测试结果，并利用 Design-Expert 8.0.6 软件进行三元二次多项式［式（4.3）］回归拟合，得到 TPDA 投加量、废水 pH、搅拌时间与废水中 SS 去除率之间的三元二次多项式回归模型，代入各因素的实际值，得到一个未编码的模型方程，如式（4.4）所示。

$$Y = -4.03 + 24.27Z_1 + 4.67Z_2 + 3.41Z_3 + 0.02Z_{12} + 0.05Z_{13} - 0.00Z_{23} - 2.01Z_1^2 - 0.38Z_2^2 - 0.29Z_3^2 \quad (4.4)$$

（3）变量影响显著性检验

对回归拟合得到的预测模型进行方差分析及对各变量线性系数进行显著性检

验，检验结果见表 4-7。

表 4-7　回归方程的方差分析

来源	平方和	自由度	均方差	F 值	P 值	显著性
模型	42.78	9	4.75	30.23	<0.000 1	显著
A—投加量	15.17	1	15.17	96.49	<0.000 1	
B—pH	4.38	1	4.38	27.88	0.001 8	
C—搅拌时间	2.34	1	2.34	14.89	0.009 7	
AB	6.602E-003	1	6.602E-003	0.042	0.843 5	
AC	0.04	1	0.04	0.25	0.629 5	
BC	1.421E-014	1	1.421E-014	9.038E-014	1	
A^2	16.97	1	16.97	107.94	<0.000 1	
B^2	9.55	1	9.55	60.7	0.000 1	
C^2	5.69	1	5.69	36.22	0.000 5	
纯残差	1.10	7	0.16			
失拟项	0.03	3	0.01	0.038	0.988 7	不显著
误差	1.07	4	0.27			
总量	43.88	16				

由表 4-7 的方差分析可知，模型的 F 值为 30.23，意味着模型是显著的，失拟项相对于纯残差不显著（P=0.988 7>0.05），说明该模型在置信水平为 95%的情况下显著性高，用于考察 SS 去除率中各因素的影响是合适的。根据表中因素及其交互 P 值大小可知，一次项 A、B、C，二次项 A^2、B^2 和 C^2 对 SS 去除率影响显著，其余项不显著。各因素对 SS 去除率影响大小的次序为 TPDA 投加量>pH>搅拌时间。

（4）预测模型的准确性分析

为进一步验证 TPDA 絮凝去除煤矿废水中 SS 的去除率预测模型的准确性和可靠性，以表 4-6 中 SS 去除率的测试值为横坐标，预测值为纵坐标，绘制预测值和测试值之间的线性关系如图 4-8 所示，考察它们之间的吻合程度。

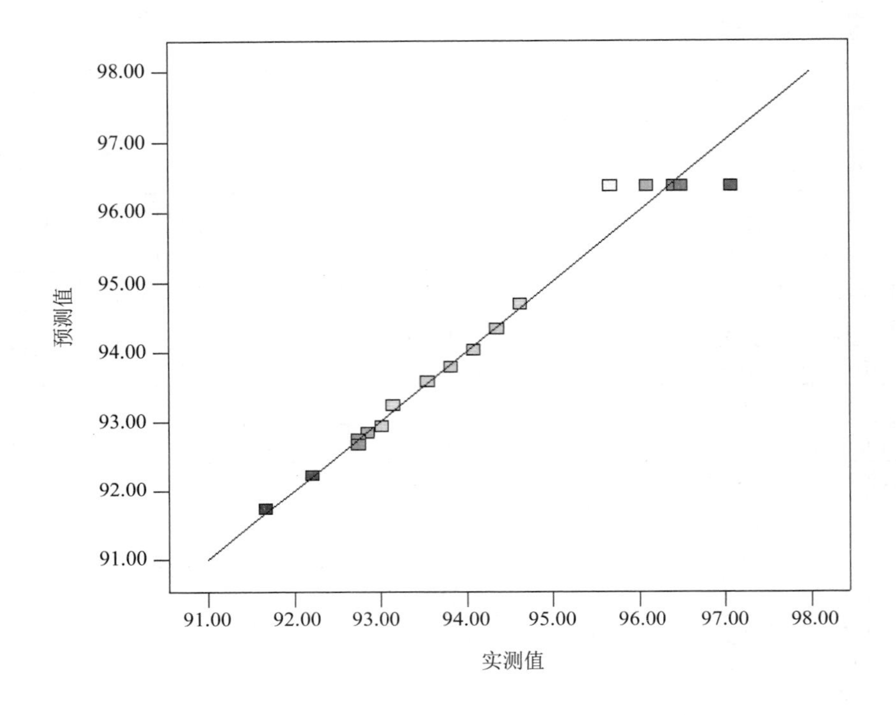

图 4-8 SS 去除率实测值与模型预测值拟合性

图 4-8 表明了 SS 去除率的实测值和预测值之间的关系，模型的确定系数 R^2 为 0.974 9，说明实测值和预测值之间的相关性较好。为了提高回归模型对 SS 去除率预测的可靠性，排除自变量个数的影响，得到调整后的确定系数 R^2 为 0.942 7，这说明该回归模型能够解释 94.27%的响应值变化情况，仅有 5.73%的响应值变化不能用该模型表示。同时也说明各变量与响应值之间的影响关系也可以用该模型进行函数化，不需要引入更高次数的项，该模型能够替代试验点对试验结果进行预测和分析。

（5）响应面试验结果与分析

除了 TPDA 的投加量、pH、搅拌时间等单因素对 SS 去除率存在影响，各因素之间的交互效应也可能会影响。因此，本小节根据所建立的回归方程式（4.4），利用 Design-Expert 软件绘制因素之间交互效应对试验结果影响的响应曲面，得到三维图及二维等高线图如图 4-9 所示。根据三维响应曲面的平坦或者陡峭程度，以及二维等高线图的形状及疏密程度可以分析出因素之间交互作用对试验结果影响的显著性。

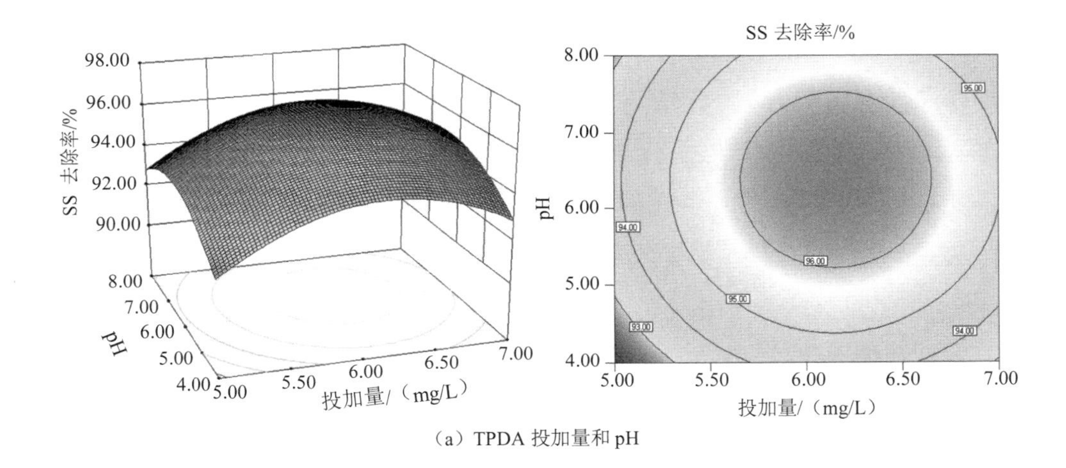

（a）TPDA 投加量和 pH

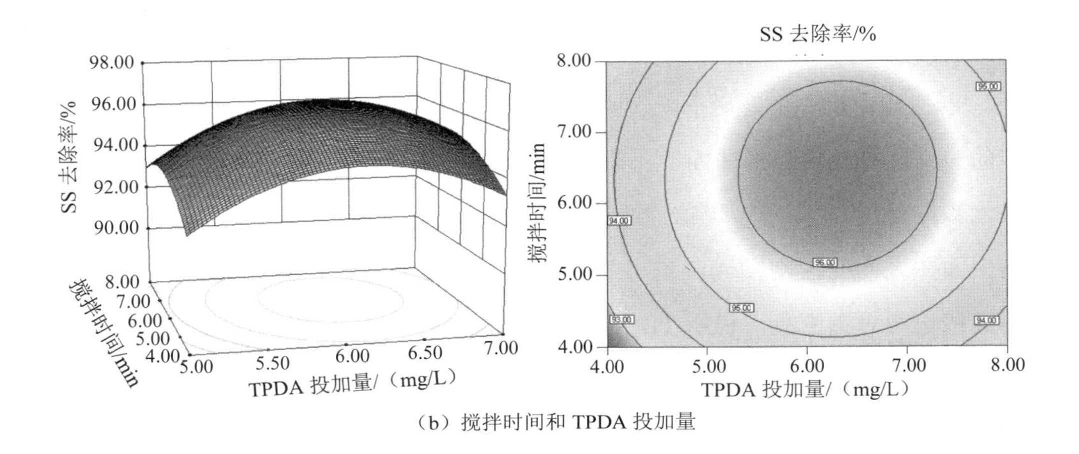

（b）搅拌时间和 TPDA 投加量

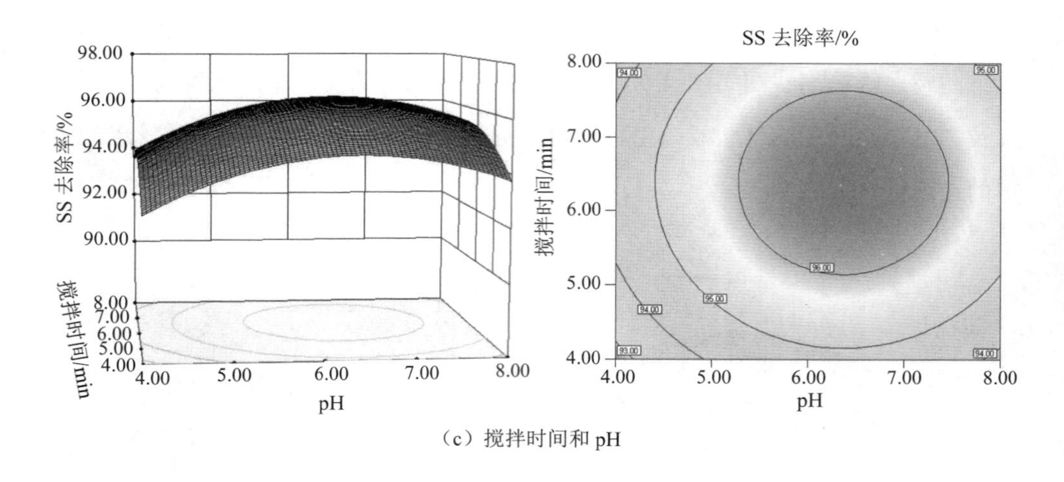

（c）搅拌时间和 pH

图 4-9　因素间交互效应对 SS 去除率的影响

图 4-9 中（a）、（b）、（c）分别是 TPDA 的投加量和废水 pH、TPDA 的投加量和搅拌时间、搅拌时间和废水 pH 等因素之间交互效应对 SS 去除率的响应面图。分别观察图 4-9（a）、图 4-9（b）、图 4-9（c）可以看出，三种因素对 SS 去除率的影响变化趋势相似，即随着 TPDA 的投加量、废水 pH、搅拌时间等因素值的增加，SS 去除率均先上升后下降，说明三个因素均存在优化值；因素间三种交互效应的三维图均呈现凸形曲面，二维等高线近似呈圆形，说明三种交互效应对 SS 去除率均存在影响，但影响均不显著。对比图 4-9（a）、图 4-9（b）、图 4-9（c）响应面图之间的区别发现，图 4-9（a）中三维曲面变化相对更陡峭，二维图中等高线也相对更密集，说明 TPDA 的投加量与废水 pH 的交互效应对 SS 去除率的影响最显著，其次是图 4-9（b）搅拌时间与投加量之间的交互效应，最弱的是图 4-9（c）搅拌时间与 pH 之间的交互效应。

（6）响应面优化分析及模型验证

通过对 SS 去除率的预测模型即方程（4.4）求极值，并分别对每个变量求一阶偏导使其等于零，得到有利于模板聚合物 TPDA 去除废水中 SS 的最佳絮凝条件组合：模板聚合物TPDA的投加量为6.06 mg/L，pH为6.37，搅拌时间为6.40 min。在该试验条件下预测得到SS的去除率为96.61%，推算出废水中SS浓度可降至最低值15.8 mg/L。为了便于试验验证，将上述模型分析得到的最佳试验条件修正：TPDA的投加量为6.1 mg/L，废水pH为6.4，搅拌时间为6.40 min，按照修正的试验条件絮凝处理煤矿废水，测定废水中的SS浓度。共做3组平行絮凝试验以减少试验误差，结果表明，絮凝处理后废水中SS的平均浓度可降至16.3 mg/L，求得SS去除率为96.50%，与预测值的误差为1.11%。验证结果表明，回归模型优化分析得到的聚合物阳离子度理论预测值与实测值很接近，再次证明响应面试验所获得的拟合模型可以用于分析TPDA絮凝去除废水中的SS。

4.2.6 絮体的沉降试验结果与分析

4.2.6.1 絮体沉降速率

按照4.2.4.1小节中介绍的絮体沉降试验方法进行絮凝试验，按等时间间隔记录量筒中絮体与水的界面高度，然后根据絮体界面沉降高度计算絮体的沉降速率，结果如图4-10和图4-11所示。从图4-10中可以看出，TPDA、CPDA和CCPAM三者产生絮体均经历了先快速沉降，再缓慢沉降，最后停止沉降三个阶段。快速沉降阶段时间为0～450 s，在该阶段三种聚合物中絮凝产生的絮体平均沉降速率分别为1.47 mm/s、1.32 mm/s、1.28 mm/s。缓慢沉降阶段为450～2 100 s，在该阶段三种聚合物絮凝产生的絮体沉降速率均渐渐变慢至基本停止，三者平均沉降速率分别为0.083 mm/s、0.064 mm/s、0.063 mm/s。2 100 s以后为停止沉降阶段，三种聚合物产生的絮体泥水界面几乎均停止下沉，说明模板聚合物产生的絮体沉降速率最快。图4-11显示，在全部沉降期间内TPDA、CPDA和CCPAM产生絮体的泥水界面高度顺序为TPDA＜CPDA＜CCPAM，最终沉降停止后三者的高度分别为4.69 cm、6.98 cm和7.90 cm。根据三种聚合物絮凝沉积物的体积以及絮凝处理前后废水中 SS 浓度近似估算絮体沉积物的密度，得出 TPDA、CPDA 和 CCPAM 所产生的絮凝沉积物的密度分别为 2.85 kg/m^3、1.90 kg/m^3 和 1.67 kg/m^3（详细的估算数据见表 4-8），说明 TPDA 产生絮体的最终沉积物最为密实。孙永军等研究证明絮体密度对沉降性能有较大的影响，絮体密度越大，其沉降速率越快。TPDA 产生的絮体密度大、沉降速率快等特点一方面可以显著降低储泥池体积，节省工程投资，另一方面可降低絮凝时间，节省运行费用。带正电荷阳离子型絮凝剂与表面带负电污泥胶体颗粒之间絮凝的主要作用机理为电中和，以电中和作用为主要絮凝机理形成的絮体具有密实、沉降速率快的特点；与此相反，由絮凝剂高分子链或支链与絮体胶体颗粒之间发生缠绕、包裹、聚集而成的絮体，其主要作用机理为架桥吸附作用，由架桥吸附作用形成的絮体较大，且结构松散，沉降速率慢（Vahedi A，2012；Vahedi A，2011）。上述三种聚合物的絮凝试验结果显示，TPDA 产生的絮体絮凝最密实，沉降速率最快，说明其具有最强的电中和絮凝作用。

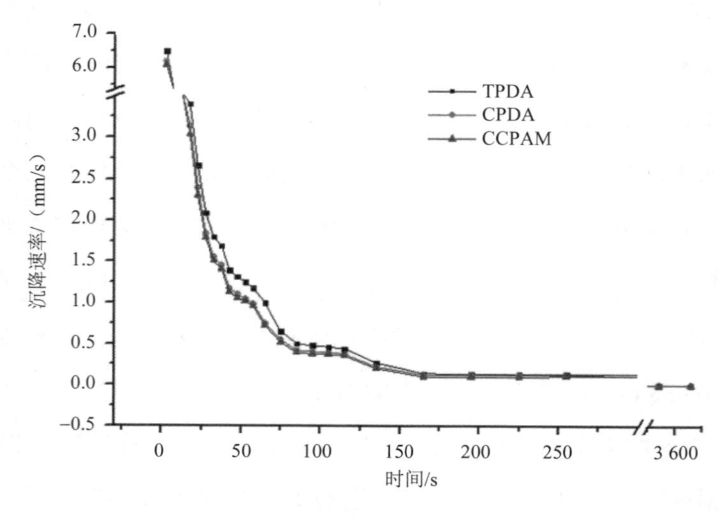

图 4-10 絮体的沉降速率

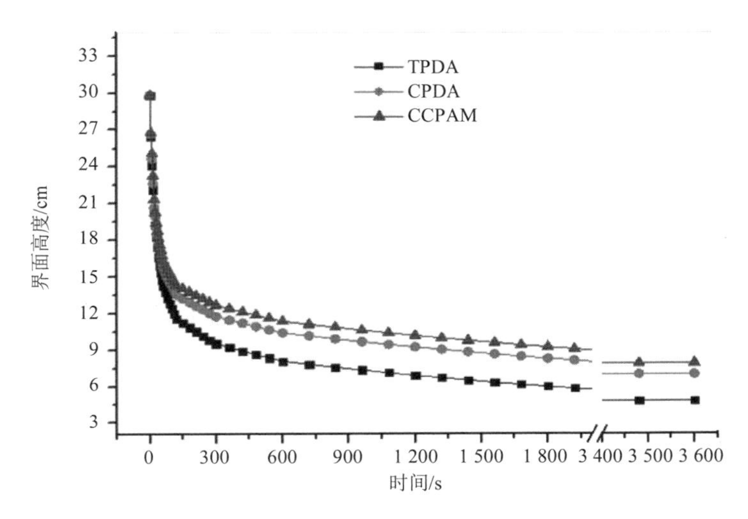

图 4-11　絮体与水的界面高度变化

表 4-8　TPDA、CPDA 和 CCPAM 絮凝沉积物的密度及估算数据

聚合物	絮体密度/（kg/m^3）	初始 SS 浓度/（mg/L）	残余 SS 浓度/（mg/L）	废水体积/L	量筒直径/cm	絮体沉积高度/cm	废水高度/cm
TPDA	2.85	465.80	20.10	1.00	6.54	4.69	29.8
CPDA	1.90	465.80	27.6	1.00	6.54	6.98	29.8
CCPAM	1.67	465.80	31.9	1.00	6.54	7.90	29.8

4.2.6.2　絮体的粒径分布

图 4-12 是 TPDA、CPDA 和 CCPAM 产生的絮体大小的粒径分布情况。从图中可以看出，TPDA、CPDA 和 CCPAM 三种絮凝剂产生的絮体中，尺寸超过 69.2 μm 的絮体体积占总体积的百分含量分别为 58.0%、43.1%和 40.1%，它们的平均粒径尺寸分别为 84.05 μm、72.55 μm 和 70.95 μm。一般情况下，架桥作用强的絮凝剂产生的絮体尺寸最大，由此推测 TPDA 不仅具有最强的电中和作用，同时也具有最强的架桥作用。架桥作用的强弱一般取决于絮凝时絮凝剂分子链的长度及伸展

情况，而从表 4-1 中可知三种聚合物的特性黏度相近，意味着它们分子链长度也近乎相同，因此推测在絮凝时三种聚合物中 TPDA 具有最好的伸展性，这种结果可能仍然归功于 TPDA 分子内的阳离子嵌段结构，因为阳离子嵌段较高的电荷密度不仅提高了聚合物絮凝时的电中和作用，同时阳离子嵌段之间较强的静电斥力也促进了 TPDA 分子链在溶液中的伸展［如图 4-13（a）所示］，从而提高了聚合物的架桥作用。而 CPDA 和 CCPAM 因其分子中阳离子单体的随机分布，聚合物分子链在废水溶液中伸展性较差［如图 4-13（b）所示］，不利于它们絮凝时架桥作用的发挥。

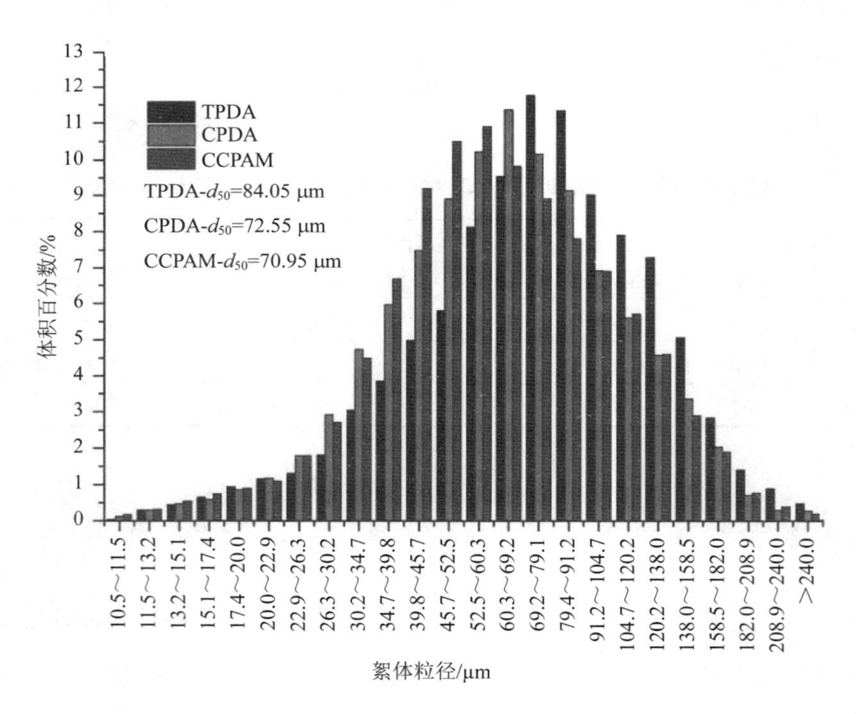

图 4-12　絮体的粒径分布

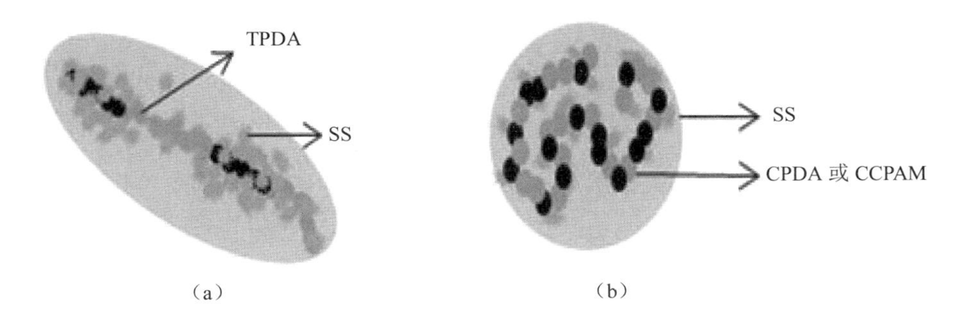

图 4-13　絮体的形状

4.2.7　小结

本章研究了使用自制的聚合物 TPDA、CPDA 以及商业絮凝剂 CCPAM 处理煤矿废水的情况，单因素试验研究得出，在 TPDA 投加量浓度分别为 6.0 mg/L、废水 pH 为 6、搅拌时间为 6 min 时可使废水中 SS 浓度降至 20.1 mg/L；进一步通过响应面试验优化得出 TPDA 最佳絮凝条件为投加量为 6.1 mg/L、pH 为 6.4、搅拌时间为 6.40 min，TPDA 可使废水中的 SS 浓度降至最低值 16.3 mg/L。絮凝对照试验得出，相较于 CPDA 和 CCPAM，TPDA 具有最好的絮凝性能，例如其具有最强电中和作用能力和较宽的 pH 絮凝条件，不易发生胶体复稳等优点；TPDA 产生絮体还具有粒径大、密实及沉降速率快等特点，便于实际工程应用。TPDA 分子中的 DMD 嵌段结构确实提高了 TPDA 的絮凝性能，尤其是电中和作用。

4.3　模板聚合阳离子聚丙烯酰胺污泥脱水研究

除了污水处理，污泥脱水也是阳离子聚丙烯酰胺作为絮凝剂应用较为广泛的领域。污泥在机械脱水之前一般需要加入化学调理剂进行预处理，以便后续的污泥脱水，而污泥的化学调理的核心环节就是向污泥浆中加入絮凝剂以促进泥水分离，其本质作用仍然属于絮凝，而阳离子聚丙烯酰胺就是最常用的污泥调理剂之一（Huang P et al.，2015）。影响絮凝剂污泥脱水效果的因素很多，例如，郑怀礼等（2008）曾研究得出在试验范围内絮凝剂分子量越大，阳离子越高，其污泥脱水效果越好的结论。目前关于阳离子度和相对分子量对絮凝剂的污泥脱水效率的影响的研究很多，但是关于聚合物分子序列结构对污泥脱水效果影响的研究还很少见报道。

通过对聚合物 TPDA 的研究结果知，模板聚合最明显的作用就是改变了聚合物分子单元的序列分布，制得具有阳离子嵌段结构的聚合物。通过第 2 章的研究得知这种具有阳离子嵌段结构的聚合物作为絮凝剂处理污水具有更强的电中和作用，但是其用于污泥脱水的效果又如何呢？为此，本章的研究仍然使用自制的模板聚合物 TPDA 和非模板聚合物 CPDA 以及商业阳离子聚丙烯酰胺（CCPAM）进行污泥脱水，通过三种聚合物的对照试验研究，调查 TPDA 的污泥脱水效率，同时研究聚合物的投加量以及污泥 pH 等因素对 TPDA 污泥脱水效果的影响。

4.3.1 试验材料与方法

4.3.1.1 试验药品

在污泥脱水试验中所采用的絮凝剂详见表 4-9，HCl、NaOH 等参见表 4-7。

4.3.1.2 试验仪器

试验所需要的仪器与设备详见表 4-9。

表 4-9　试验仪器

试验仪器	生产厂家	型号
循环水式真空泵	河南爱博特科技发展有限公司	SHZ - D（Ⅲ）
pH 计	梅特勒—托利多仪器有限公司	FE20K
Zeta 电位测定仪	英国马尔文公司	Zetasizer Nano 3000
六联絮凝试验搅拌机	深圳中润水工业技术发展有限公司	ZR4-6
精密电子天平	梅特勒—托利多仪器（上海）有限公司	AL104
电热恒温鼓风干燥箱	上海海向仪器设备厂	DHG-9640
其他	真空抽滤瓶，布氏漏斗，定性滤纸，烧杯、量筒等玻璃仪器	

4.3.1.3　污泥样品来源及属性

用于污泥脱水试验的污泥试样采自宜宾市南岸污水处理厂储泥池，污泥样品采集后迅速转入冰柜内 4℃保存，并分析其属性，结果如表 4-10 所示。

表 4-10　污泥样品性质

含水率/%	密度/（mg/L）	pH	胶体电位/mV	电导率/（mS/cm）	外观
98.1±0.1	0.96±0.08	6.1±0.2	−22.7±0.4	2.3±0.2	深灰色

4.3.1.4　污泥脱水试验方法

在室温条件下，将盛有污泥的玻璃烧杯置于六联絮凝搅拌仪上，调节污泥的 pH，并投加预定量的聚合物溶液，以 200 r/min 的速度搅拌 10 min，再静置 5 min，使污泥发生絮凝沉淀作用，测定污泥静置上清液的胶体电位，然后使用抽滤法对调理后的污泥进行脱水，并使用烘干法测定抽滤后污泥的含水率，分析聚合物用量和污泥 pH 对聚合物污泥脱水效果的影响。试验的主要操作流程见图 4-14。

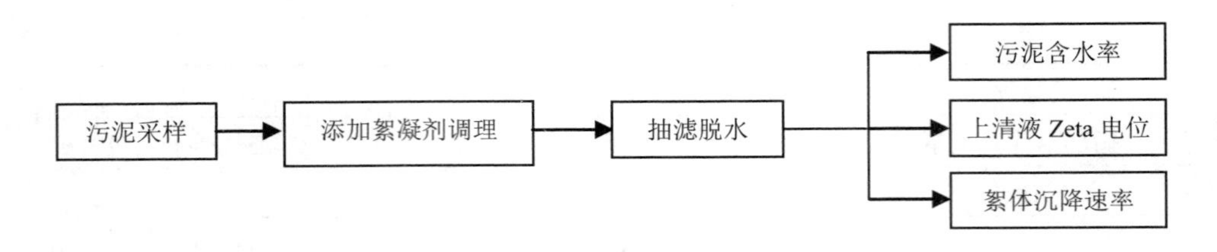

图 4-14　污泥脱水流程

为了深入分析聚合物的絮凝行为，另外一个关于调查絮体沉降特性的絮凝试验被执行。试验方法及操作流程同 4.2.4.1 节。

4.3.1.5　污泥脱水各指标的测定

（1）污泥含水率的计算方法

称量干燥洁净的小烧杯（100 mL）和滤纸的总重量 M_0，将滤纸放入与真空泵相邻的布氏漏斗内，并用水润湿，开启真空泵抽滤直到润湿的滤纸紧贴布氏漏斗，然后通过缓冲瓶的控制阀门调节真空泵的压力表，以恒压 0.05 MPa 进行抽滤，将聚合物调理后的污泥倒入布氏漏斗中进行抽滤 15 min，然后将布氏漏斗中的滤纸及污泥取出一同放入之前已称量的小烧杯中，准确称量，记录其质量 M_1，然后将装有滤纸和污泥的小烧杯放入恒温干燥箱内，在 103～105℃温度下干燥至恒重后称量，此质量即为小烧杯滤纸和干污泥的总质量 M_2。污泥含水率的计算公式为

$$FCMC=\frac{M_1-M_2}{M_1-M_0} \tag{4.5}$$

式中：$FCMC$——泥饼含水率，%；

M_0——小烧杯和滤纸的总质量，g；

M_1 ——烘干前小烧杯、滤纸和湿污泥的总质量，g；

M_2 ——烘干后小烧杯、滤纸和干污泥的总质量，g。

（2）滤液 Zeta 电位的测定

同第 4.2.4.2 节。

（3）污泥絮体沉降速率估算

同第 4.2.4.2 节。

4.3.2　污泥脱水试验结果分析

4.3.2.1　投加量对聚合物污泥脱水性能的影响

如图 4-15 显示，随着三种聚合物投加量的增加，脱水处理后污泥含水率均呈现先下降后上升的趋势，而污泥上清液中的胶体电位则呈现持续上升趋势，这符合阳离子聚丙烯酰胺污泥脱水的常规变化规律（Sun Y，et al.，2015）。经比较发现，TPDA 和另外两种絮凝剂的污泥脱水性能存在明显区别：首先，在整个投加量范围内，TPDA 的污泥脱水效率明显优于 CPDA 和 CCPAM，TPDA 在最佳投加量均为 45 mg/L 时，污泥含水率可达到最低值 74.6%，而 CPDA 和 CCPAM 在最佳投加量为 55 mg/L 和 50 mg/L 时，获得的最低污泥含水率分别仍高达 76.2%和 76.4%；其次，TPDA 所对应污泥上清液中的胶体电位明显高于另外两种絮凝剂，说明 TPDA 在污泥调理絮凝过程中具有更强的电中和作用；最后，当三种絮凝剂处在污泥脱水最佳处理效果时，TPDA 调理后的污泥上清液中的胶体电位相对于 CPDA 和 CCPAM 调理后的更接近于零，说明 TPDA 污泥脱水的主要絮凝方式是电中和，而 CPDA 和 CCPAM 除了电中和，架桥吸附或其他絮凝方式可能也发挥了较大作用。根据 TPDA 的 ^{1}H NMR 研究结果，模板聚合物分子中含有大量 DMD 嵌段结构，这种阳离子嵌段结构有助于充分发挥阳离子有机絮凝剂的电中和功能，从而提高其污泥脱水时的絮凝效率。一般情况下，高分子絮凝剂在污泥脱水过程中的主要作用机理有电中和、架桥吸附以及网捕卷扫等作用方式，电中和作用得到的絮体具有粒径小、密实、含水率低的特点，架桥吸附作用得到的絮体则具有相反的特点（Lu L et al.，2014），这也是本污泥脱水试验中 TPDA 可获得更低污泥含水率的重要原因。

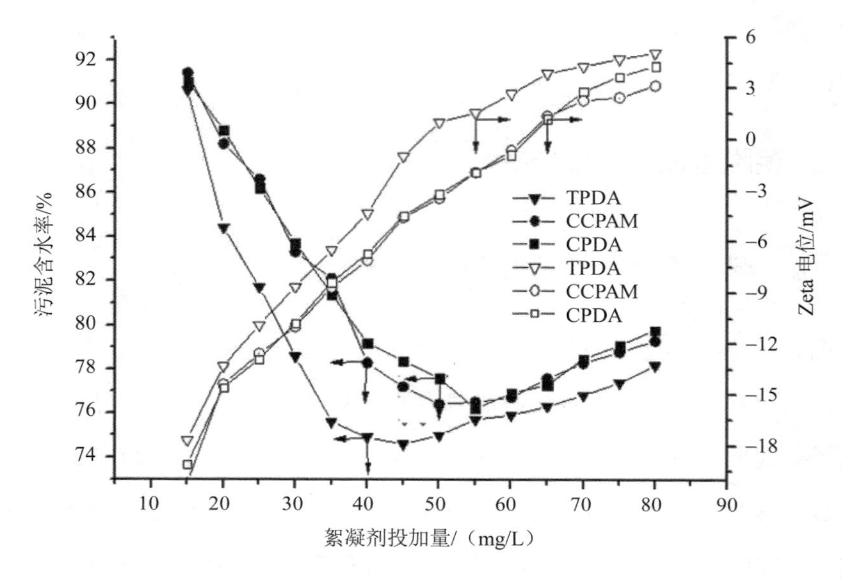

图 4-15　聚合物投加量对污泥含水率的影响

4.3.2.2　pH 对聚合物污泥脱水性能的影响

如图 4-16 显示，随着污泥 pH 的增加，三种絮凝剂处理后的污泥含水率总体上均呈现先迅速下降后上升的变化趋势，污泥上清液中的胶体电位则持续下降，说明 pH 过高或过低均不利于聚合物絮凝性能的发挥，这与关庆庆等（2014）的研究结果保持一致。在 pH 超过 5 的范围内，TPDA 的污泥脱水效果明显优于 CPDA 和 CCPAM，例如，TPDA 在污泥 pH 为 7 时可使污泥含水率降至最低值 72.5%，明显低于 CPDA 的最低值 74.8%和 CCPAM 的最低值 75.4%，这仍然归功于模板聚合物分子内的阳离子单体嵌段结构，其促进了电中和作用的发挥，从而提高了污泥脱水效率；而在 pH<4 的范围内，TPDA 的污泥脱水效率差于

CPDA 和 CCPAM，这可能是由于 TPDA 的电荷密度更高，其在较强的酸性环境下可使污泥胶粒带有大量的正电荷，胶粒间较大的静电斥力不利于胶粒的絮凝沉淀。此外，从图 4-16 中还可以发现，TPDA 在污泥 pH 为 7～9 范围内均保持较好的污泥脱水效率，而 CPDA 和 CCPAM 在废水 pH 超过 7.0 时其污泥脱水性能开始迅速恶化，说明前者具有更为宽松的 pH 絮凝条件，这与 TPDA 絮凝处理煤矿废水的研究结果一致。

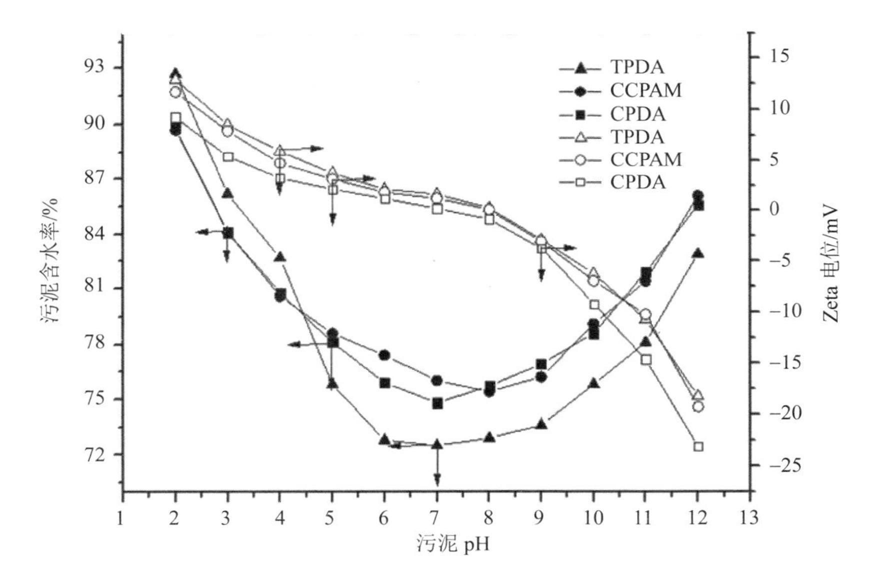

图 4-16　污泥 pH 对聚合物脱水性能的影响

4.3.2.3　污泥絮体沉降性能分析

图 4-17 和图 4-18 是三种聚合物在最佳投加量和最佳 pH 条件时，测得的泥水界面高度、絮体的沉降速率。从图 4-17 中可以看出，TPDA、CPDA 和 CCPAM 三者产生絮体均经历先快速沉降，再缓慢沉降，最后停止沉降三个阶段。快速沉降阶段的时间为 0～190 s，在该阶段三种聚合物中絮凝产生的絮体均快速沉降，

三者平均沉降速率分别为 1.40 mm/s、1.30 mm/s、1.26 mm/s。缓慢沉降阶段为 190～585 s，在该阶段三种聚合物产生絮体的沉降速率均渐渐变慢最终至基本停止沉降，三者平均沉降速率分别为 0.08 mm/s、0.06 mm/s、0.06 mm/s。585 s 以后为停止沉降阶段，三种聚合物产生的絮体泥水界面均几乎停止下沉，絮体沉降速率基本为 0，在整过沉降过程中 TPDA 产生的絮体沉降速率最快。图 4-18 显示，在全部沉降期间内 TPDA、CPDA 和 CCPAM 产生絮体的泥水界面高度顺序为 TPDA＜CPDA＜CCPAM，最终沉降停止后三者的高度分别为 14.11 cm、15.38 cm 和 15.85 cm，分别占污泥絮凝沉降之前总体积的 47.4%、51.6%、51.2%，这说明 TPDA 产生的絮体沉积物最密实，同时也说明 TPDA 产生的絮体沉降性能最好。

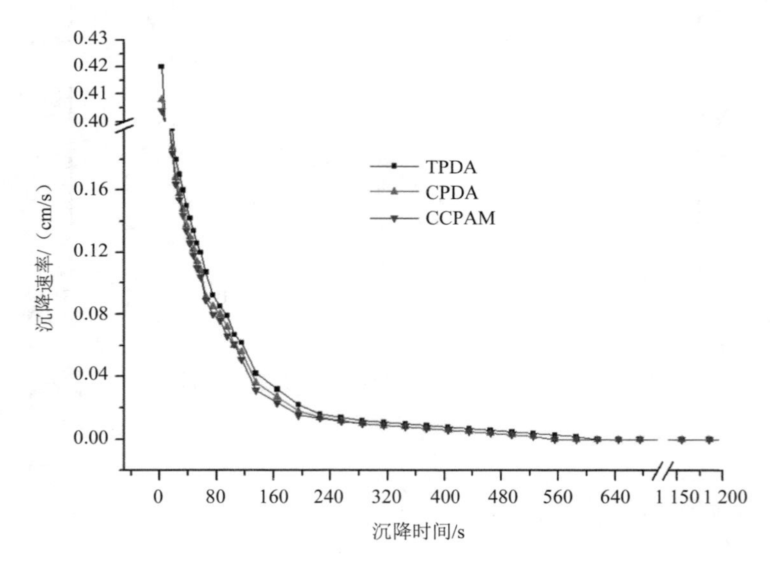

图 4-17　污泥絮体沉降速率的变化

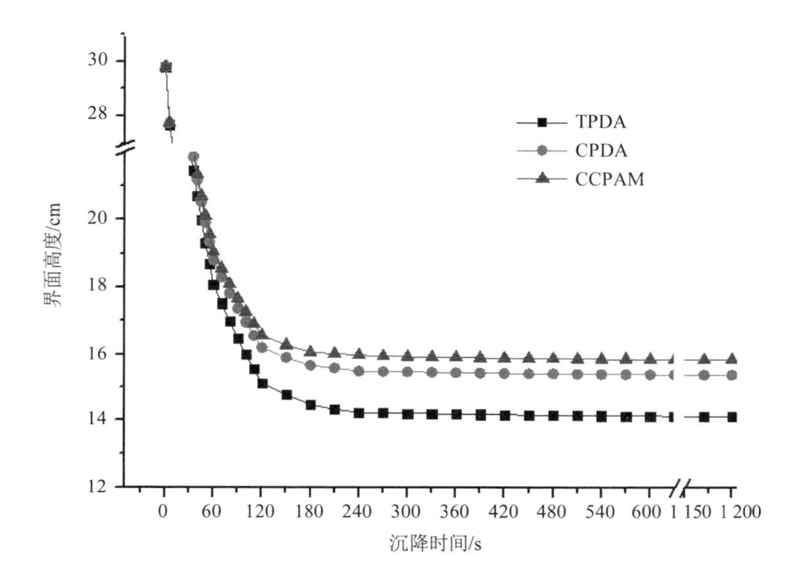

图 4-18　污泥絮体的泥水界面高度变化

4.3.3　小结

本章将自制的聚合物 TPDA、CPDA 以及商业絮凝剂 CCPAM 应用于污泥脱水试验研究，结果表明 TPDA 在投加量浓度分别为 45.0 mg/L、污泥 pH 为 7.0 时，可使污泥含水率降至最低值 72.5%。污泥脱水对照试验得出，相对于 CPDA 和 CCPAM，TPDA 污泥脱水效率最好，其具有最强电中和作用和较宽的 pH 絮凝条件，此外，TPDA 产生的污泥絮体还具有密实及沉降速率快等特点，更便于实际工程应用。

第 5 章　农村生活污水处理技术模式

5.1　单一农户处理模式

单一农户生活污水主要来源于厨房洗涤、洗浴、洗衣、厕所粪污等环节，生活污水产生量少，一般不超过 0.5 m^3/d，且水质浓度低，如果农户喂养了猪、牛等畜禽时，污水水质浓度和水量均会有所增加。一般情况下农村地区单一农户周边耕地分布广泛，且环境容量充分，因此单一农户生活污水应优先选择农业资源化利用方式处理，具体处理方法可从以下模式中选择。

5.1.1　化粪池处理后农用技术模式

化粪池是一种利用沉淀和厌氧微生物发酵原理，以去除粪便污水或其他生活污水中 SS、有机物和病原微生物为主要目的的污水初级处理设施。该处理模式详见图 5-1。

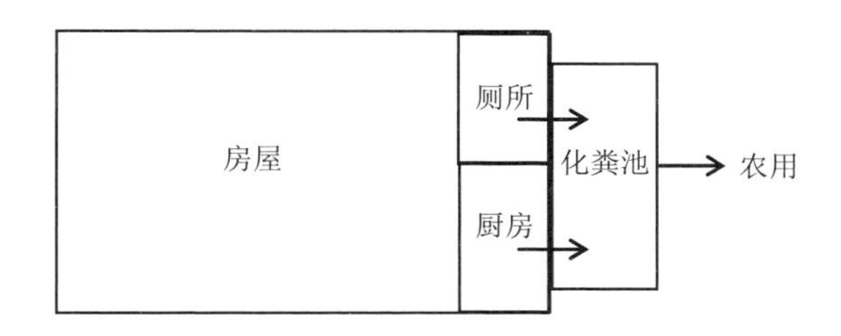

图 5-1　单一无畜禽养殖农户生活污水化粪池处理模式

化粪池的沉淀作用可去除生活污水中的大部分 SS，微生物的厌氧发酵作用可降解部分有机物（COD、BOD_5），同时还可以提高难降解有机物的可生化性，有助于进一步的好氧生化处理，沉积的污泥可用作有机肥。生活污水通过化粪池的预处理可有效防止管道堵塞，也可有效降低后续处理单元的污染负荷。

化粪池处理结构简单，施工方便，建设运行成本低，操作管理方便。但化粪池沉积污泥需定期清掏，需进一步处理才能排放，或作为农家肥资源化利用，处理效果差。该模式适用于农户分散且有农田消纳的地区。

根据建设材料可分为砖混、钢混、压模式塑胶、玻璃钢等不同材质的化粪池，根据形状可分为圆形和方形化粪池，根据格数可分为单格、二格、三格或多格化粪池。可根据污水水量、水质、地质以及环境要求，具体选择化粪池的类型与结构。

化粪池的设计应与村庄排污和污水处理系统统一考虑，使之与排污或污水处理系统形成一个有机整体，以充分发挥化粪池的功能。化粪池的平面布置选位应充分考虑当地地质、水文情况和基底处理方法，以免施工过程中出现基坑护坡塌方、地下水过多而无法清底等问题。为了减少地下水和恶臭污染，化粪池一般需采取防渗措施，建议化粪池优先使用压模式塑料或玻璃钢材质。化粪池必须预留活动清掏口以便清掏，为了减少清掏频率，建议化粪池停留时间不少于 72 h。单一农户污水产生量一般不超过 2 m^3/d，选用两格化粪池即可满足要求。化粪池水面到池底深度一般不应小于 1.3 m，池长不应小于 1 m，宽度不应小于 0.75 m。

单一农户污水产生量一般不超过 2.0 m^3/d，建议选用压模式塑胶结构的成品化粪池。成品化粪池的加工可在生产厂家完成，其现场安装和施工工序主要包括开挖坑槽、安装化粪池、分层回填土、砌清掏孔和砌连接井。由于化粪池易产生臭味，最好建成地埋式，并采取密封防臭措施。若当地地质条件较差，如山区、丘陵地带，临近河流、湖泊或道路，则建议采取钢筋混凝土化粪池，对池底、池壁进行混凝土抹面，避免化粪池污水渗漏污染周边土壤和地下水，同时配套安装 PVC 或混凝土管道。

化粪池的日常维护检查包括化粪池的水量控制、防漏、防臭、清理格栅杂物、清理池渣等工作。化粪池瞬时流量不宜过大，否则稀释池内粪便等固体有机物，缩短了固体有机物的厌氧消化时间，会降低化粪池的处理效果；且流量大易带走悬浮固体，易造成管道堵塞。应定期检查化粪池的防渗设施，以免粪液渗漏污染地下水和周边环境。化粪池的密封性也应进行定期检查，要注意化粪池的池盖是否盖好，避免池内恶臭气体逸出污染周边空气。若化粪池第一格安置有格栅时，应注意检查格栅，发现有大量杂物时应及时清理，防止格栅堵塞。化粪池建成投入使用初期，可不进行污泥和池渣的清理，运行 1～3 年后，可采用专用的槽罐车，对化粪池池渣定期清抽一次。在清渣或取粪水时，不得在池边点灯、吸烟等，以防粪便发酵产生的沼气遇火爆炸。检查或清理池渣后，应盖好井盖，以免对人畜造成危害。

5.1.2 沼气池处理后农用技术模式

如果农户喂养了少量猪、牛等畜禽，生活污水产生量和水质浓度均会明显增加，这种情况适合采用沼气池处理后用于农田消纳模式。将厕所粪污、厨房废水、洗涤废水统一收集至沼气池，在厌氧和兼性厌氧的条件下将生活污水中的有机物分解转化成 CH_4、CO_2 和水，达到净化处理生活污水的目的，并实现资源化利用。

沼气池作为污水资源化单元和预处理单元，其副产品沼渣和沼液是含有多种营养成分的优质有机肥，如果直接排放会对环境造成严重的污染，可回用到农业生产中，或后接污水处理单元进一步处理。该模式收集治理方式详见图 5-2。相较于化粪池，沼气池污泥减量效果明显，有机物降解率较高，处理效果更好，可以有效利用沼气，但管理较化粪池复杂些。

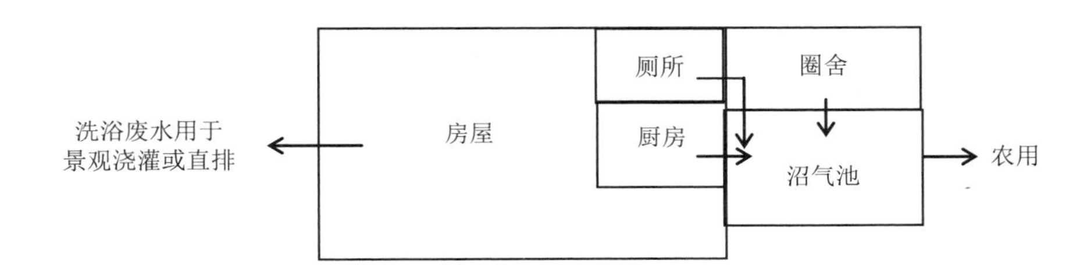

图 5-2　单一畜禽养殖农户生活污水沼气池处理模式

沼气池结构简单，施工方便，建设运行成本低，操作管理方便。但沉积污泥需定期清掏，废水处理效果差，需进一步处理才能排放，或作为农家肥资源化利用。该模式适用于农户分散且有农田消纳的地区，尤其是有蔬菜种植和果林种植地区的农户。此外采用沼气池处理，其环境温度不宜低于 5℃。

为了提高沼气产生量和肥效，可只收集厨房废水、厕所粪污和畜禽养殖废水进入沼气池处理，洗浴、洗衣废水可直接用于房前屋后的绿化浇灌，或直接排至房屋周边雨水沟，沼气池内如果设置搅拌措施，则治理效果更佳。应防止雨水进入沼气池导致产气效率下降或污水溢出，其他注意事项同化粪池。需建设沼气收集利用设施，并防止沼气局部富集爆炸，其他运行管理同化粪池。

5.1.3　黑灰分离处理模式

黑灰分离处理模式是指生活污水中黑水和灰水分开收集、处理，即将厕所粪污和厨房的浓度较高废水收集后采取化粪池或沼气池处理后农用，洗浴、洗涤等水质浓度低的灰水通过沉淀池处理后便可满足直接排放要求，也可用于景观浇灌（图 5-3）。黑灰分离处理模式可明显减少污水产生量，降低农田消纳负荷，运行期维护管理方便，而且有助于生活污水的资源化利用，非常适合于农村分散居民的生活污水处理。

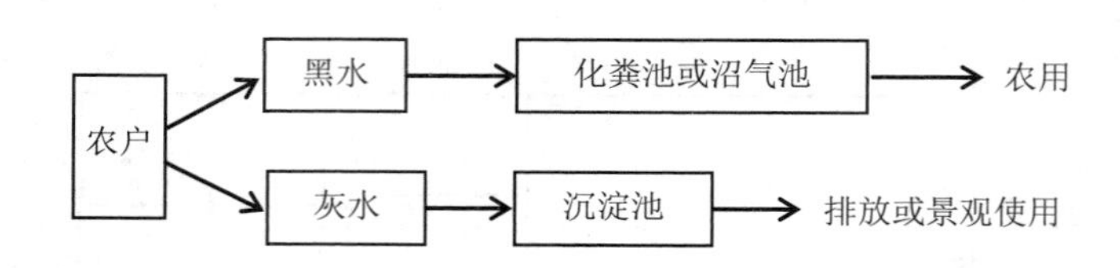

图 5-3 单一农户生活污水黑灰分离处理模式

黑灰分离处理模式可明显减少污水处理量，提高生活污水的资源化利用率，但需建设双管路污水收集管网，施工难度较大。该模式适用于大部分安装了淋浴设施的农户，洗浴废水产生量大，同时生活污水农田消纳能力低，或不具备农用条件的地区。黑水主要是厕所粪污和厨房废水，水质浓度明显高于一般生活污水，为了保证肥效和降解效果，化粪池或沼气池容积保证至少达到 10 d 以上的停留时间。

5.2 庭院处理模式

农村地区常出现家族庭院式居住状况，一个家族的住户（2～15 户）共同居住在一栋楼或一个庭院内，其生活污水产生量一般不超过 5 m^3/d，相对于单一农户，畜禽养殖废水产生比例减少，洗浴废水产生比例增加，故水质浓度会有所降低，可采取化粪池或沼气池处理后农用或进一步处理满足二级治理要求。根据农村地区农业生产需求、多农户生活污水水质特点以及环境状况，建议优先采取厌氧处理后用农田消纳的方式处理，农田消纳不完的污水可进一步采取以下模式处理后排放或采取吸污车转运相结合的处理模式。

5.2.1　化粪池或沼气池处理后农用模式

多农户生活污水可每户单独设化粪池或沼气池处理后农用，也可统一收集至化粪池或沼气池处理后农用（如家族式或庭院式多农户）。农田消纳不完的部分，可采取吸污车运输至其他污水站进一步处理。见图 5-4。

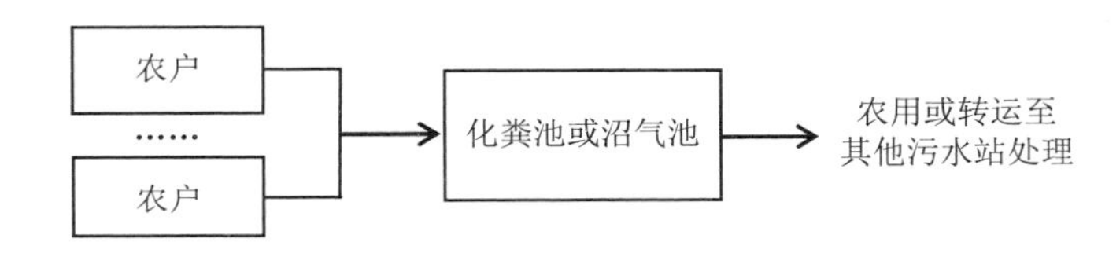

图 5-4　家族式或庭院式多农户生活污水收集处理模式

该模式有机物降解率高，污水减量化明显，可资源化利用沼气。沉积污泥多，需定期清掏，若污水处理不彻底，需进一步处理才能排放，或作为农家肥资源化利用。适用于污水产生量少，且周边有足够农田消纳污水的农村地区。如果统一收集至同一个化粪池或沼气池处理后农用，需要延长池体内的水力停留时间（不低于 10 d），增强降解减量效果，以降低清掏频次。若使用化粪池，需使用三格化粪池结构。

5.2.2　化粪池或沼气池—厌氧生物膜处理模式

生活污水经过化粪池处理后有机物浓度已经明显降低，如果周边没有农田消纳，可进一步采取生物技术处理，达三级排放标准后排放。生物技术有很多种工艺，鉴于生活污水水质简单、排放要求低，同时考虑运行期维护管理方便，建议采用无动力设备厌氧反应设施进行末端处理。厌氧生物处理同样可进一步分为很多种工艺模式，如化粪池、沼气池、UASB、厌氧生物膜法、厌氧流化床等，均属于厌氧生物技术。

图 5-5 是以化粪池或沼气池—厌氧接触法组合法为代表处理模式的工艺流程，厌氧接触法是通过在厌氧池内填充生物膜填料，以达到强化厌氧处理效果的一种厌氧生物膜技术。因厌氧接触池内设有生物膜填料，可明显提升厌氧微生物浓度，无须污泥回流，运行期只需定期清掏化粪池或沼气池及厌氧接触池内的污泥即可。该模式具备结构简单、建设成本低、无动力机械设备、污泥产生量少、维护管理方便等优点；缺点是有机物降解不彻底，出水水质较差，但一般至少可满足《城镇污水处理厂污染物排放标准》（GB 18918—2002）中的三级排放要求。

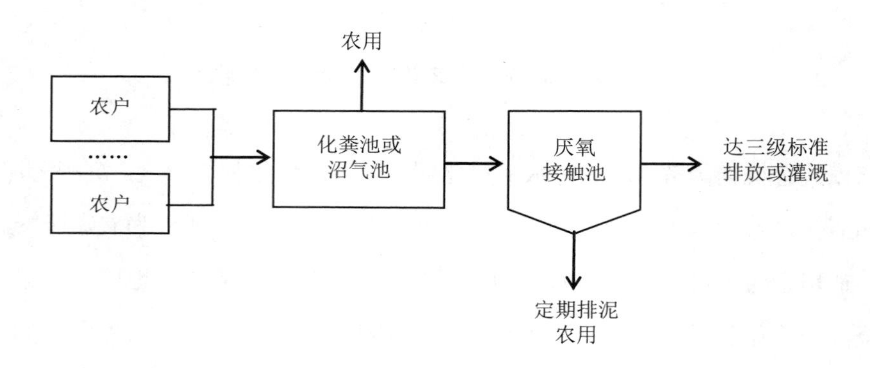

图 5-5　化粪池或沼气池+厌氧接触法收集治理模式

该模式适用于周边农田消纳能力差且对排水要求低的地区。

因该模式无好氧处理设施，化粪池需采用三格化粪池，水力停留时间不低于 5 d。厌氧接触法生化池停留时间不低于 72 h，以满足出水效果。厌氧接触池内因设置了生物膜填料，脱落的生物膜污泥需定期排出。为防止污泥在池底部沉积，需设置排泥斗，排泥斗坡度不低于 3‰，且底部设置排泥阀门以便于定期排泥。生物膜填料须浸泡或淹没在污水中，因此需具备比表面积大、抗腐蚀性、不易堵塞、易于悬挂等特点，可选择纤维填料、塑料软性填料、弹性填料或几种组合方式。

施工过程须防止地下水渗入，应注意地下水位对池体的影响；应防止雨水落入或流入，特别是在西南地区降水量大的地方，因此需做封顶处理，并预留人孔。为防止厌氧池污水渗漏污染周边池塘和河流等水体或者地下水，厌氧池底和池壁需做防渗处理，其渗漏系数应达到相关国家标准。微生物厌氧分解有机物，会产生氨、硫化氢等臭味气体，因此需对厌氧池进行密封，必要时可增加除臭装置。填料上的生物膜会更新脱落形成污泥，需定期排放，排放时间一般为 3 个月至 1 年，具体排泥周期根据污水处理量、污泥产生情况及污泥斗的体积来确定。化粪池和沼气池底部沉积污泥也需要定期清掏。

5.2.3　化粪池或沼气池—稳定塘/人工湿地/土壤渗滤组合模式

污水首先经过化粪池降解，以去除粪便污水中的 SS、有机物和病原微生物，然后再经稳定塘/人工湿地/土壤渗滤等生态技术进一步除去有机物、TN、TP、SS 等。见图 5-6。

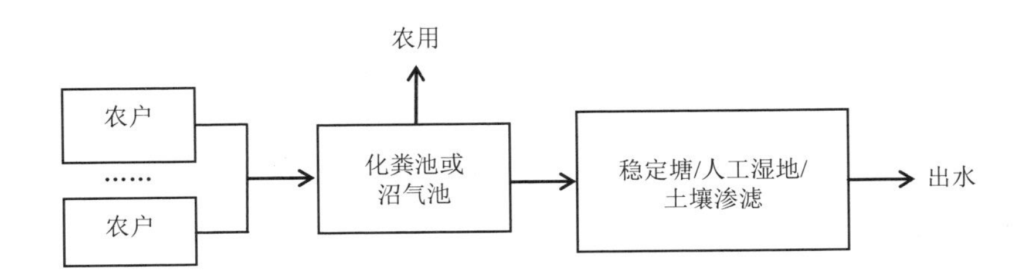

图 5-6　化粪池或沼气池—稳定塘/人工湿地/土壤渗滤治理模式

由于化粪池和人工湿地均属于低效低负荷污水处理设施，故该处理模式的进水水质不能太高，尤其是涉及畜禽养殖的农户污水不宜选择此种处理工艺，该模式主要适用于经济欠发达、环境要求一般且可利用土地充足的农村地区的单户或连户污水治理；拥有坑塘、洼地的村庄可选择化粪池或沼气池—稳定塘/人工湿地组合模式，由于气候条件对稳定塘/人工湿地运行效果有一定影响，因此本模式更适合温暖湿润地区。缺水且土壤渗透性较好的地区可选择化粪池—土壤渗滤组合模式。

稳定塘、人工湿地、土壤渗滤均对进水水质要求严格，尤其人工湿地和土壤渗滤要求进水中的 SS 要尽可能低，一般不能超过 100 mg/L，化粪池建议采用三格化粪池，且停留时间不少于 48 h。如果出水进入稳定塘后水力停留时间为 4～10 d，有效水深为 0.5 m 左右；出水进入人工湿地，其水力停留时间为 4～8 d（表面流人工湿地），或 2～4 d（潜流人工湿地）；出水进入土壤渗滤系统后水力负荷应根据土壤渗透系数确定，一般为 0.2～4 cm/d。

5.2.4　黑灰分离处理模式

同 5.1.3 节中的处理。处理模式见图 5-7。

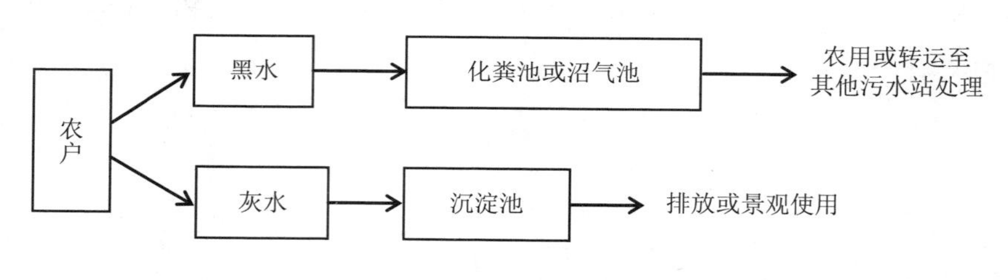

图 5-7　黑灰分离处理模式

5.3　小型村落处理模式

农村地区尤其是北方自然村落或村民组居住区分布较多，这些自然村落或村民组一般是一个或多个以家族、户族、氏族或其他原因自然形成的居民聚居点，这些村落住户较少，一般为 15～60 户，但分布较为集中，其生活污水一般小于

20 m^3/d，其产生的生活污水处理适合采用小型村落处理模式。小型村落生活污水处理后一般情况下满足二级治理要求即可排放，出水水质要求比较宽松。鉴于农村地区农业生产需求、多农户生活污水水质特点以及环境状况，建议采取先尽量资源化利用，多余的生活污水可选择以下模式处理后排放。

5.3.1　黑灰分离+接触氧化法模式

黑灰分离后洗浴废水中的灰水可直接排放或再次利用，黑水主要来自厕所粪污和厨房废水，不仅有机物含量高，还含有动植物油，抑制了微生物的生长，如果黑水量较大，仅采取厌氧处理很难保证满足二级治理要求，需要采取效率较高的好氧生物处理方式。好氧和厌氧技术均存在很多种工艺，图 5-8 是黑灰分离和接触氧化法相结合的模式处理生活污水的工艺流程，即黑水首先经过三格化粪池或沼气池处理后可去除生活污水大部分 SS，微生物的厌氧发酵作用可降解部分有机物（COD、BOD_5），同时还可以提高难降解有机物的可生化性，化粪池处理后的污水经接触氧化池处理后，污水中的有机物大部分被降解为 CO_2 和水，化粪池、接触氧化池和沉淀池内的污泥经干化池处理后可用作有机肥返田。

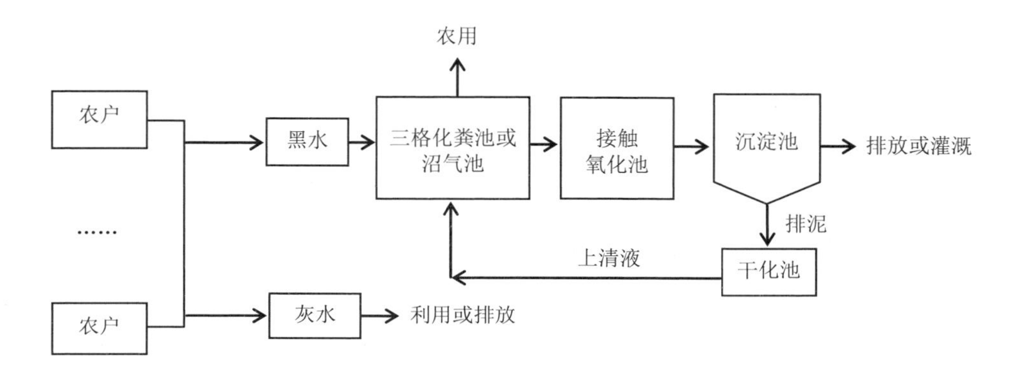

图 5-8　黑灰分离+接触氧化法处理模式

黑灰分离模式可明显减少污水处理量，处理效果较好，可达到《城镇污水处理厂污染物排放标准》（GB 18918—2002）中的二级标准以上。但需建设双管路污水收集管网，施工难度较大。适用于生活污水产生量大，尤其是洗浴废水占比高，同时生活污水农田消纳能力低，或不具备农用条件的村落。

黑水中主要是厕所粪污和厨房废水，水质浓度明显高于一般生活污水，为了保证肥效和降解效果，化粪池或沼气池容积需至少达到 5 d 以上的停留时间。接触氧化池底部需设置一定坡度（小于 3‰）或通过穿孔排泥管定期排泥。化粪池需使用三格化粪池，沉淀池底部设置排泥阀，并充分利用地形，合理设置沉淀池和污泥干化池高程，尽量重力排泥，必要时采取动力排泥。在污泥干化池上端适当高度处需设置污泥上清液排孔，并将污泥浓缩后的上清液回流至化粪池或接触氧化池再次处理。该处理模式污水处理量比较小，无须专人全职维护，建议安装远程监控设备，对接触氧化池水位、溶解氧浓度进行调节控制。

污水处理设施建成后需对接触氧化池进行挂膜并调试，使其达到正常反应状态，可依靠微生物自然生长挂膜，但所需时间较长，也可采取污泥接种驯化方式快速挂膜。化粪池、接触氧化池、沉淀池底泥需定期清掏或排泥，建议化粪池或沼气池底部沉积的污泥每半年左右清掏一次，接触氧化池每月左右排泥一次，沉淀池每周左右排泥一次，准确排泥时间可根据实际运行情况确定。

5.3.2 化粪池+接触氧化法处理模式

生活污水首先经过三格化粪池或沼气池处理后可去除生活污水大部分 SS，微生物的厌氧发酵作用可降解部分有机物（COD、BOD_5），同时还可以提高难降解有机物的可生化性，化粪池处理后的污水经接触氧化池处理后，污水中的有机物大部分被降解为 CO_2 和水，化粪池、接触氧化池和沉淀池内的污泥经干化池处理后可作为有机肥返田。见图 5-9。

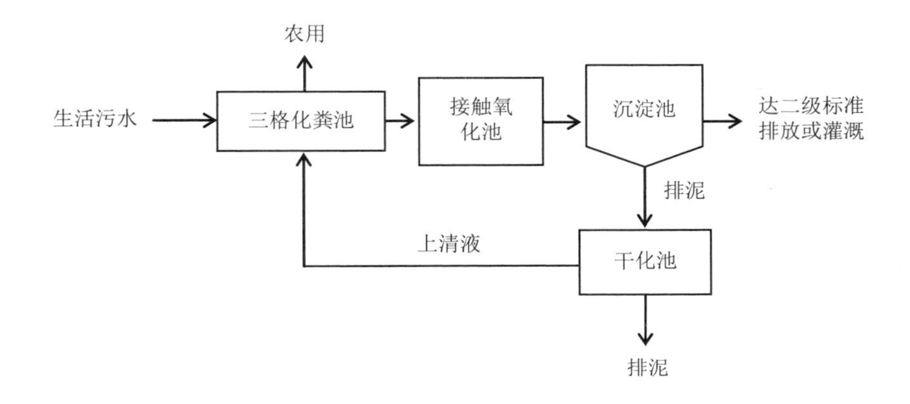

图 5-9　化粪池+接触氧化法处理模式

该模式处理效果较好，可达到《城镇污水处理厂污染物排放标准》中规定的二级标准以上。但此模式运行管理复杂，对管理人员专业技能要求较高。适用于生活污水产生量大且可生化性好的农村区域。

化粪池需使用三格化粪池，沉淀池底部设置排泥阀，并充分利用地形，合理设置沉淀池和污泥干化池高程，尽量采取重力排泥，必要时采取机械排泥。为了提高接触氧化池的降解效果，化粪池容积需达到 5 d 以上的停留时间，以提高污水可生化性。接触氧化池底部需设置一定坡度（小于 3‰）或穿孔排泥管定期排泥。在污泥干化池上端适当高度处需设置污泥上清液排孔，并将污泥浓缩后的上清液回流至化粪池或接触氧化池再次处理。该处理模式污水处理量较小，无须专人全职维护，建议安装远程监控设备，对接触氧化池水位、溶解氧浓度进行调节控制。

污水处理设施建成后需对接触氧化池进行挂膜并调试使其达到正常反应状态，可依靠微生物自然生长挂膜，但所需时间较长，也可采取污泥接种驯化方式快速挂膜。化粪池、接触氧化池、沉淀池底泥需定期清掏或排泥，建议化粪池或沼气池底部沉积的污泥每半年左右清掏一次，接触氧化池每月左右排泥一次，沉淀池每周左右排泥一次，准确排泥时间可根据实际运行情况确定。

5.3.3 化粪池+活性污泥处理模式

该模式特点为活性污泥池中不设置填料，池中污泥主要依靠曝气气体作用力保持污泥均匀地悬浮在好氧生化池内（图 5-10）。此外，活性污泥法相对于接触氧化法，污泥产生量大，且需要大量污泥回流，以补充活性污泥池内的污泥浓度。

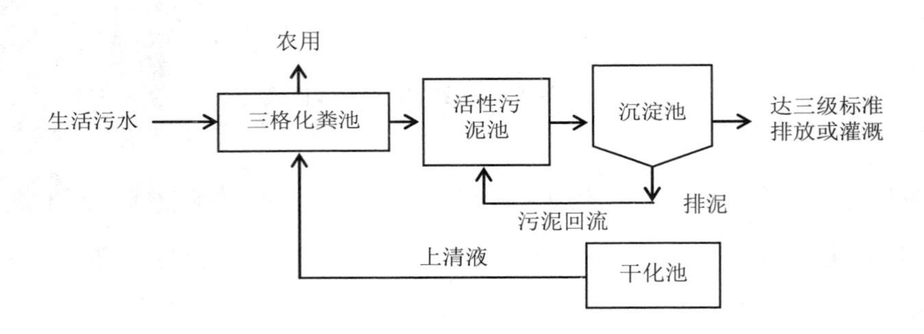

图 5-10 化粪池+活性污泥处理模式

该模式对水质、水量波动的适应性强，污染物去除效果好，但运行管理相对较为复杂，曝气能耗较高，污泥产生量大，TN、TP 去除效果差。适用于农户集中、经济条件好较好、污水处理量较大的区域。

如果污水处理量不是很大，可不单独设置调节池，或者将化粪池设置为四格，最后一格要同时具备调节池的功能，水力停留时间不少于 24 h，相邻格之间通过污分管相串联，起到隔离漂浮物和 SS 作用。厌氧池和好氧池总的停留时间不低于 8 h，二者停留时间比约为 1∶3。合理选择曝气风机参数，接触氧化池内需氧量按照 0.7～1.1 $kgO_2/kgBOD_5$ 计算。沉淀池采取平流式、竖流式结构类型，为便于排泥，沉淀池污泥斗坡度不低于 60°，且要采取表面光滑措施。

为了达到生物脱氮除磷的效果，需要将沉淀池内泥水混合液回流至厌氧池，回流比为 40%～100%。定期对厌氧池和好氧池内进行排泥，好氧池内污泥浓度（MLSS）维持在 3.0 g/L 左右。沉淀池内污泥需定期排泥，防止沉淀池底部污泥厌氧发酵上浮，影响出水效果，具体排泥周期和频次可根据实际运行情况确定。

5.3.4　化粪池或沼气池+厌氧接触法+人工湿地处理模式

化粪池或沼气池和厌氧生物膜均属于厌氧技术，生活污水经厌氧处理后有机物不能彻底分解，尤其是 N、P 去除效率低，需要进一步处理才能满足排放要求。人工湿地是一种通过人工设计而成的半生态型污水处理系统，主要由土壤基质、水生动植物和微生物三部分组成。人工湿地可以去除污水中的有机物，尤其是对 N、P 有较好的去除效果，而且还可以起到美化环境、提高植被覆盖率、保持生物多样性等作用。但人工湿地处理负荷较低，只适合处理低浓度废水，尤其是 SS 浓度过高容易导致湿地淤泥堵塞。图 5-11 是化粪池或沼气池—厌氧接触法—人工湿地组合法为代表的处理模式的工艺流程，生活污水经化粪池和厌氧接触池处理后绝大部分有机物已被降解，但 N、P 含量仍然较高，再经过人工湿地处理，湿地内的生物（包括动物、植物、微生物）会进一步吸收污水中的 N、P 和有机物，并截留部分 SS，最终使出水满足排放要求。

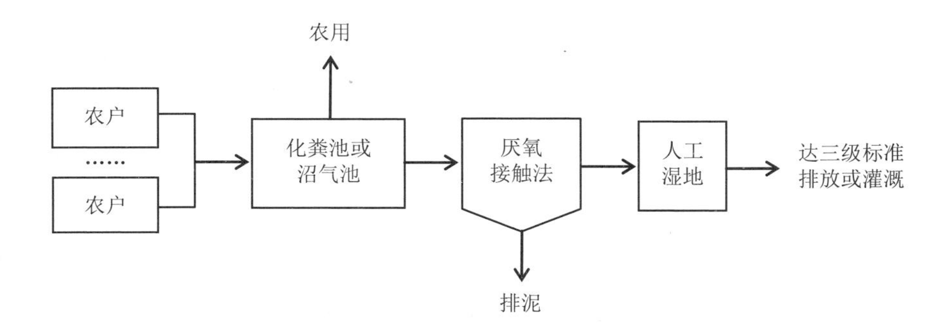

图 5-11　化粪池或沼气池+厌氧接触法+人工湿地处理模式

该模式建设和运行成本低，无须动力设备，运行维护管理方便；水生植物可以美化环境、增加生物多样性；但人工湿地污染承载负荷低，占地面积大，设计不当容易堵塞，处理效果受季节影响和环境温度影响明显，随着运行时间延长，湿地单元处理效果下降明显。故该模式适用于土地面积相对丰富且气候常年温暖湿润的农村地区。

按照污水在湿地内流动方式的不同，可以分为表面流、水平潜流、垂直流三种不同类型的湿地。具体选择何种类型的湿地，可根据污水量、水质特性等因素决定。化粪池需采用三格化粪池，水力停留时间不低于 5 d。厌氧接触法生化池停留时间不低于 48 h。生物膜填料须浸泡或淹没在污水中，需具备比表面积大、抗腐蚀性、不易堵塞、易于悬挂等特点，可选择纤维填料、塑料软性填料、弹性填料或几种填料组合。如果厌氧接触池出水 SS 浓度高时，需要沉淀去除大部分 SS 之后再进入人工湿地处理，否则易导致人工湿地发生淤泥堵塞。选择的湿地植物首先要对污染物有较好的吸收去除效果，而且在本地适应性好，最好是本土植物，能忍受较大变化范围内的水位、含盐量、温度和 pH，同时还应具有成活率高、种苗易得、繁殖能力强等特点。

人工湿地的维护主要包括水生植物的重新种植、杂草的去除和沉积物的清理三个方面。当水生植物不适应生活环境时，需调整植物的种类，并重新种植。植物种类的调整关系到水位变化，如果水位低于理想高度，可调整出水装置。杂草的过度生长也给湿地植物带来了许多问题，尤其是在春天，杂草比湿地植物生长得更早，遮挡了阳光，阻碍了水生植株幼苗的生长。杂草的去除将会增强湿地的净化功能和经济价值。实践证明，人工湿地的植被种植完成以后，就开始建立良好的植物覆盖并进行杂草控制是最理想的管理方式。在春季或夏季，建立植物床的前三个月，用高于床表面 5 cm 的水淹没杂草，可控制杂草的生长，当植物经过三个生长季节，就可具备与杂草竞争的能力。由于污水中含有大量的悬浮物，在湿地床的进水区易产生沉积物堆积，运行一段时间后，需清理沉积物，以保持稳定的湿地水文水力及净化效果。化粪池、厌氧接触池需要定期清掏或排泥。

5.3.5　化粪池或沼气池+厌氧接触法+稳定塘处理模式

稳定塘是一种利用天然或人工的池塘来净化污水的技术。其净化方式主要包括三个方面：一是生物作用，即污水长时间在池塘内停留，在此期间，池塘内的生物（包括动物、植物、微生物）利用自身的新陈代谢可去除污水中的有机物等污染物；二是化学作用方式，例如，池塘内的溶解氧等具备反应能力的物质与污水中的污染物发生化学反应后降低污水中污染物的含量；三是物理作用，即污水中的污染物在池塘内发生沉淀、吸附、固定或稀释等作用。通过上述三方面作用最终实现污水的达标排放或资源化利用。

按照池塘内的溶解氧浓度高低和优势微生物的群体类型，稳定塘可分为好氧塘、厌氧塘、兼氧塘、曝气塘和复合塘，具体选择何种类型需根据污水特性和当地气候环境综合决定。好氧塘的深度一般为 0.15～1.0 m，水力停留时间为 2～10 d，这类池塘很容易通过风力搅动塘水而自然复氧，或通过池塘内藻类植物的光合作用供氧，该模式比较适合农村地区的污水治理。图 5-12 是化粪池或沼气池+厌氧接触法+好氧塘组合法的工艺流程，生活污水经化粪池和厌氧接触池处理后绝大部分有机物均已被降解，再经好氧塘净化后基本可满足达标排放。

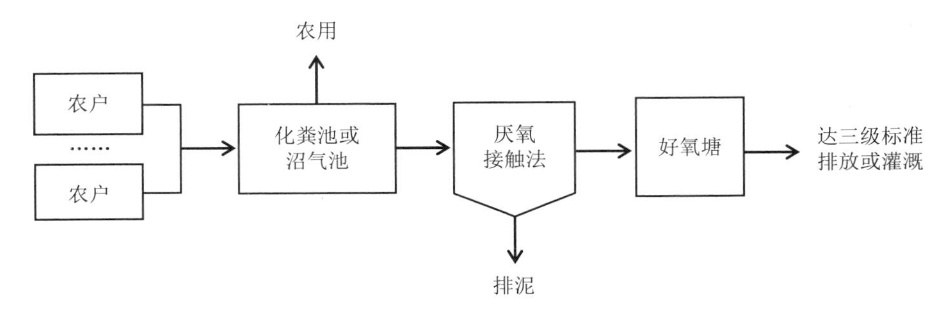

图 5-12　化粪池或沼气池+厌氧接触法+好氧塘治理模式

该模式建设和运行成本低，无须动力设备，运行维护管理方便，但污染负荷低，占地面积大，处理效果受季节影响和环境温度影响明显。适用于有湖、塘、洼地及闲置水面可供利用的农村地区。

设计时厌氧塘 BOD_5 表面负荷为 15～100 $gBOD_5/(m^2 \cdot d)$，兼性塘 BOD_5 表面负荷 3～10 $gBOD_5/(m^2 \cdot d)$，好氧塘 BOD_5 表面负荷 2～12 $gBOD_5/(m^2 \cdot d)$；总停留时间可采用 20～120 d，曝气塘 BOD_5 表面负荷 3～30 $gBOD_5/(m^2 \cdot d)$，可充分利用地形高差，通过跌水充氧增加好氧塘水中的溶解氧。化粪池、接触氧化池需定期吸污排泥，稳定塘需定期清淤。

5.3.6 化粪池或沼气池+厌氧生物膜+土地渗滤处理模式

农村生活污水不同于工业废水，其内基本不含污染土壤和农田的污染物，而且其内的有机物、N、P 等物质一方面可以作为农作物生长所需的养分，另一方面可以起到改良土壤的作用，因而，在农村区域采取此处理模式是可行的。污水土地渗滤处理是指利用农田、林地中的土壤和生物（包括微生物和植物）对污水中的有机物、N、P、SS 等养分物质进行吸收利用或分解，从而去除污水中污染物。这种处理方式在净化生活污水的同时，还有助于农业生产，促进绿色植物生长，美化乡村环境。土地渗滤系统根据进水方式和处理床结构的不同，可分为慢速渗滤、快速渗滤、地表漫流和地下渗滤系统四种类型。可根据污水水质、水量特点，当地地形、气候特点及土地特性选择合适的土地渗滤类型。

图 5-13 是一种污水生物处理与土地渗滤处理相结合的污水处理工艺流程。生活污水先经过化粪池或沼气池和厌氧接触池处理，杀死病原微生物并分解部分有机物，同时提高污水可生化性，流入土地渗滤处理系统后，通过土壤胶体对有机物和 SS 吸附截留，植物根系对氮磷吸收、土壤微生物对有机物分解，土壤钙、镁、铝、铁、盐对无机磷化学沉淀等多种作用方式下，达到吸收净化污水的目的。

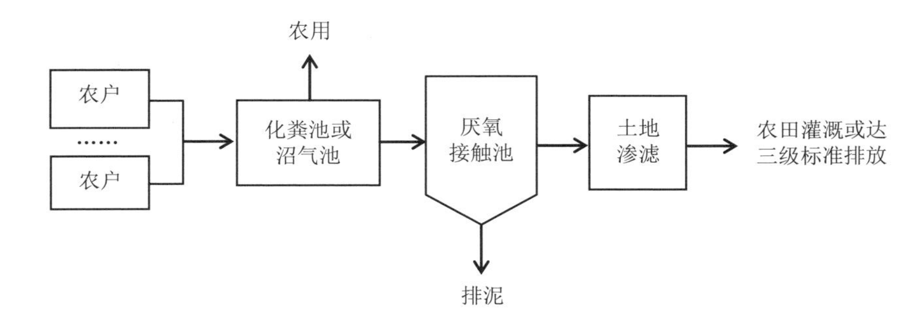

图 5-13　化粪池或沼气池+厌氧接触法+土地渗滤处理模式

生活污水需要先采取化粪池或沼气池、厌氧接触池等预处理措施，以降低后续土地渗滤处理负荷，否则容易产生臭味和滋生蚊蝇。土地渗滤需合理设置沟渠和布水管网，尽可能保证均匀布水。

需定期对化粪池底泥清掏，对接触氧化池排泥。进入土地渗滤系统之前，污水水质中的 SS 含量不宜过高，否则不仅容易导致土壤层植物疯长，还会引起补水系统和填料堵塞。需定期对地表植物进行收割，以促进植物吸收能力，并防止较重的设备压实填料层，影响布水。营运期如发生土地表层污水浸泡或积水较深问题，说明进水过快或有堵塞发生，应停止进水并维修检查。对于快速渗滤系统可采取干化和浸泡交替运行模式，保证污水同时受到厌氧和好氧处理，提高生物脱氮除磷效果。

5.3.7　化粪池或沼气池+厌氧生物膜+混凝沉淀处理模式

混凝沉淀法是通过向废水中投加药剂，使药剂与废水中的胶体污染物发生物理化学反应，使胶体脱稳形成絮体，再通过重力沉降或其他分离方式达到去除废水中污染物的目的。混凝沉淀法对废水中 SS 和 TP 的去除效果明显，同时对有机物、各种形态 N 等污染物有一定的去除效果，因此混凝沉淀法常与生物法结合处理污水，一般用于对生物法处理后的污水进一步做深度处理。

图 5-14 是一种污水生物处理与混凝沉淀法相结合的污水处理模式的工艺流程。生活污水先经过化粪池和厌氧接触池处理，污水中的有机物绝大部分已经被降解去除，但污水中的 SS、TP 还较高，再经过后续的混凝法处理后，绝大部分 SS、TP 等污染物从废水中沉淀分离，同时部分有机物也与混凝剂反应形成絮体，最终发生絮凝沉淀而被去除。

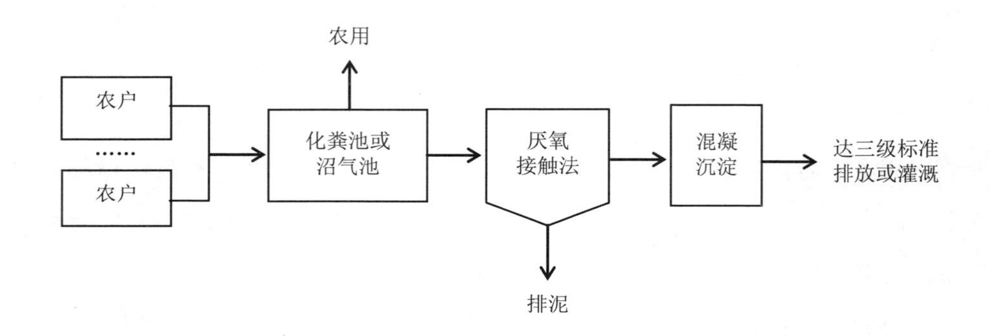

图 5-14　化粪池或沼气池+厌氧接触法+混凝沉淀处理模式

该模式效果好、建设成本低、运行操作方便，但处理成本高、污泥产生量大、需要及时排出沉淀池污泥并处置污泥。适用污水处理量较小、土地资源紧张的地区。

采取混凝沉淀法处理的生活污水需要先采取化粪池或厌氧接触池等预处理措施，尽可能降低废水中的有机物。一般混凝剂只需使用无机混凝剂如聚合氯化铝，特殊情况时需无机混凝剂和有机混凝剂配合使用进一步提高混凝去除效果。一般将混凝剂配制成一定浓度的混凝剂溶液，通过湿投法将混凝剂溶液加入废水中，特殊情况时使用干投法将混凝剂加入废水中。建议优先通过机械搅拌方式将混凝剂与废水在混凝搅拌池内充分混合，再流入沉淀池内混凝、沉淀。也可使用静态管道混合器将混凝剂与废水充分混合，但需采取措施防止静态管道混合器堵塞。混凝沉淀池采取平流式、竖流式结构类型，沉淀池污泥斗坡度不低于 60°，且要采取表面光滑措施，以便于排泥。

运行过程中因混凝沉淀池污泥产生量比较大，需要每天定期排泥，以防止沉淀池底部污泥停留时间过长而厌氧发酵上浮，影响出水效果。化粪池、接触氧化池需定期吸污排泥，排泥周期约半年排一次，具体排泥频次视具体运行情况而定。此外，需修建污泥储存池，并对污泥采取脱水后还需进一步处置。

5.3.8　化粪池—生物稳定塘—人工湿地组合模式

该模式主要适用于土地较为充裕的农村地区，尤其适用于干旱缺水地区。此外，该模式承受负荷和去除效率不高，适合于水质浓度低的生活污水处理。见图 5-15。

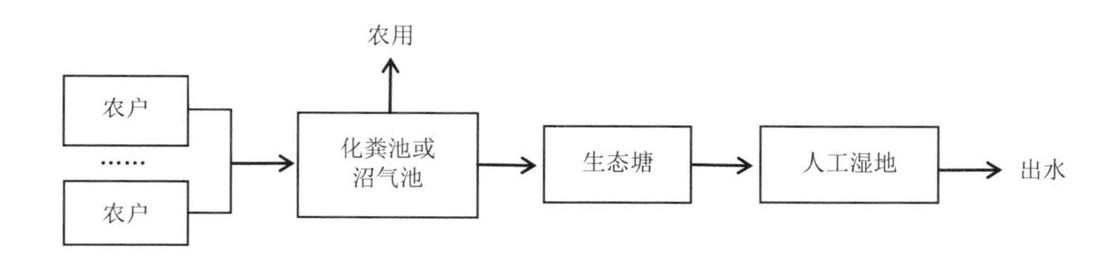

图 5-15　化粪池+生态塘+人工湿地处理模式

该模式化粪池中水力停留时间宜为 12～36 h，生物稳定塘深度一般为 0.5 m 左右，人工湿地采用表面流、水平潜流或垂直潜流人工湿地均可。表面流人工湿地水深一般为 20～80 cm；水平潜流人工湿地水位一般保持在基质表面下方 5～20 cm，并根据待治理的污水量进行调节。

5.4　村庄处理模式

村庄处理模式适用于村级的集市商业区或村级的新农村聚居区，农户 60～400 户，人口 300～2 000 人，且居住比较集中，生活污水产生量在 20～100 m^3/d。这种规模处理的生活污水一般要求达到《城镇污水处理厂污染物排放标准》（GB 18918—2002）中规定的二级或一级排放标准，准确的排放要求取决于接纳水域的功能类别。因此，对于村庄处理模式更需要因地制宜，可从以下推荐模式中选择合适的处理模式。

5.4.1 二级处理模式

二级处理对出水水质的要求相对较为宽松，一般须达到《城镇污水处理厂污染物排放标准》（GB 18918—2002）中规定的二级标准以上，且对动植物油、TP 等指标基本不作要求。若污水处理规模不超过 60 m^3/d，且出水只需满足《城镇污水处理厂污染物排放标准》（GB 18918—2002）中规定的二级标准时，从节约成本角度考虑，可选用图 5-16 处理思路，具体工艺可根据实际情况选用“化粪池或沼气池+厌氧生物膜+人工湿地”“化粪池或沼气池+厌氧生物膜+稳定塘”“化粪池或沼气池+厌氧生物膜+土地渗滤”“化粪池或沼气池+厌氧生物膜+混凝沉淀”等。

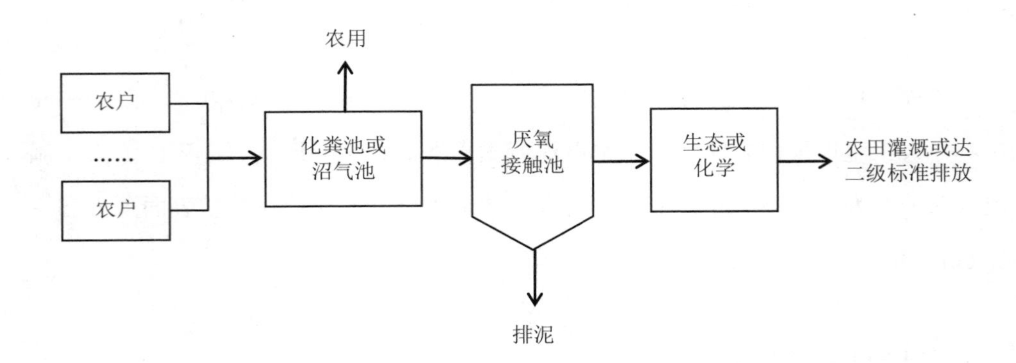

图 5-16 厌氧接触—生态或化学组合处理模式

5.4.2　三级处理模式

三级处理模式一般要达到《城镇污水处理厂污染物排放标准》（GB 18918—2002）中的一级 B 标准要求，排放要求相对较高，尤其是对 TP 的去除。适合于农村生活污水三级处理的模式很多，下面介绍几种处理模式。

5.4.2.1　厌氧—好氧技术组合处理模式

厌氧和好氧工艺技术种类繁多，图 5-17 是厌氧接触—接触氧化法处理模式的工艺流程。生活污水经化粪池/调节池处理后，漂浮物、SS、病原微生物均得到有效去除，同时去除部分有机物；厌氧接触池进一步去除有机物，同时将难降解的高分子有机物分解为小分子有机物，提高污水的可生化性；再经过接触氧化池的好氧分解，彻底将有机物降解为 CO_2 和水，经沉淀池进行泥水分离，上清液达标排放，沉淀池底部污泥定期排出，实现生物除磷的目的。厌氧池和好氧池设置生物膜填料，一方面可增加池内微生物数量和种类，另一方面可减少污泥回流量和排泥频率，有助于简化操作管理。生物膜填料建议优先选择立体固定填料，也可选择悬浮填料。

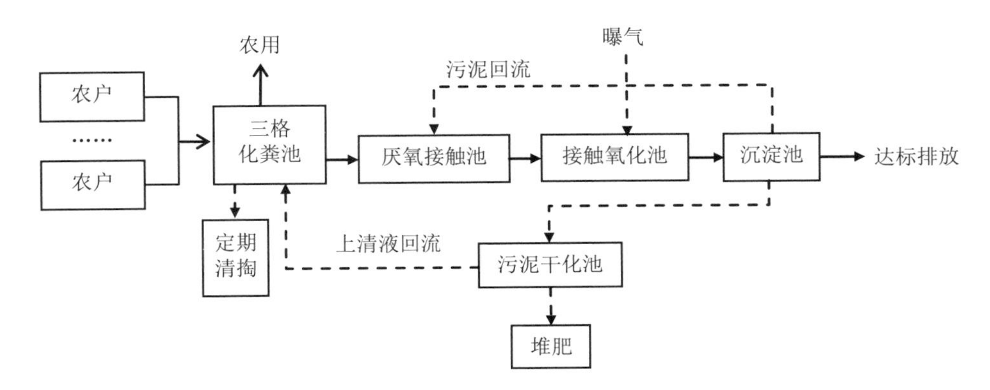

图 5-17　厌氧接触—接触氧化法组合处理模式

该模式污水处理效果较好，污泥产量少，无须污泥回流，无污泥膨胀；生物膜内微生物量稳定，生物种类相对丰富，对水质、水量的波动适应性强；操作简便、较传统活性污泥法的动力消耗少，污染物去除效果好。但运行管理相对较为复杂，曝气能耗较高，生化池内因加入生物膜填料导致建设成本稍高，TN 去除效果差。适用于农户集中、经济条件较好、污水处理量较大的区域。

如果污水处理量不是很大，可不单独设置调节池或者将化粪池设置为四格，最后一格要同时具备调节池的功能，水力停留时间不少于 24 h，相邻格之间通过污分管相串联，起到隔离漂浮物和 SS 的作用。厌氧池和接触氧化池总的水力停留时间不低于 8 h，二者停留时间比约为 1∶3。合理选择曝气风机参数，接触氧化池内需氧量按照 0.7～1.1 $kgO_2/kgBOD_5$ 计算。厌氧池和接触氧化池内应设置生物膜填料，可不再进行机械搅拌，但均需设置排泥管定期排泥。沉淀池采取平流式、竖流式结构类型均可，但需保证较好的排泥效果，沉淀池污泥斗坡度不低于 60°且要采取表面光滑措施，以便于污泥下滑。

为了达到生物脱氮除磷的效果，需要将沉淀池内泥水混合液回流至厌氧池，回流比为 40%～100%。需要定期对厌氧池和接触氧化池内进行排泥，其中好氧池内污泥浓度（MLSS）保持在 3.0 g/L 左右。沉淀池内污泥需定期排泥，防止因沉淀池底部污泥厌氧发酵上浮而影响出水效果，具体排泥周期和频次可根据实际运行情况确定。

5.4.2.2 氧化沟处理模式

氧化沟工艺是生物处理技术中的一种。将污水集中在一个环形封闭的沟渠内，沟渠内设置好氧区、缺氧区、厌氧区，污水在动力推流作用和导流设施的作用下在氧化沟内不断循环流动，反复交替经过好氧区、缺氧区、厌氧区，在各区域特征物生物的作用下，污水经历好氧、厌氧、缺氧等生化反应，最终达到去除污水中有机物、N、P 等污染物的目的。氧化沟工艺一般采用延时曝气的充氧方式使溶解氧呈梯度变化，且曝气反应时间长，一般在 24 h 以上。氧化沟污水回流比特别高，一般在数十倍甚至数百倍以上。以上特点使得氧化沟工艺具备污水稀释倍数高、抗波动缓冲能力强、污水停留时间和污泥龄特别长等优点，尤其是污泥龄可达到 20～30 d，使得污泥微生物长期处在内源呼吸期，大部分污泥通过内源代谢而被消耗，剩余污泥量少且稳定。由于污水在氧化沟内不断交替经历厌氧、缺氧和好氧区，因而具备比较强的生物脱氮除磷能力。

氧化沟工艺一般情况下不用设置初沉池，生活污水一般只需要经过化粪池、调节池和格栅处理后即可直接进入氧化沟处理；构筑物少，运行稳定，处理水质良好，且工艺流程简单，操作维护管理方便；污水抗波动缓冲能力强，污泥产生量少，处理效果好，一般可达到《城镇污水处理厂污染物排放标准》（GB 18918—2002）中的一级 B 标准排放要求。但该处理模式占地面积大，能耗相对较高，适合于污水产生量大、水质浓度高、对环境敏感、排水要求严的区域。

化粪池建议设置为四格，最后一格要同时具备调节池的功能，水力停留时间不少于 24 h，相邻格之间通过污分管相串联，起到隔离漂浮物和 SS 的作用。氧化沟类型很多，为了节省费用和便于运行操作，建议农村生活污水处理选择一体化氧化沟，即将沉淀池与氧化沟建设在同一构筑物内，通过水流动力实现污泥回流，无须外置回流泵。建议在氧化沟内设置立体弹性填料，可提高氧化沟内微生物的数量，也可减少污泥产生量和排放量。氧化沟的设计可参考《氧化沟设计规程》（CECS112：2000）。

氧化沟的设计主要包括池体、曝气装置和沉淀池的设计。氧化沟的参数宜根据实验资料确定，在无试验资料时，可参照类似工程确定，或参考以下参数：污水停留时间 6～30 h；污泥停留时间 10～30 d；沟内流速 0.25～0.35 m/s；沟内污泥浓度 1 500～5 000 mg/L；氧化沟工艺二沉池的表面负荷 0.6～1.0 m^3/（m^2·h）；一体化氧化沟固液分离器表面负荷 1.0 m^3/（m^2·h）左右。

氧化沟的机械曝气设备除具有良好的充氧性能外，还具有混合和推流作用，设备选型时要注意充氧和混合推流之间的协调。氧化沟曝气转刷的技术参数可参照《曝气转刷认定技术条件》（HCRJ 034—1998）。在有条件的地区，也可自行加工，以降低成本。氧化沟沟渠内的泥水混合液平均流速应保持在 0.3 m/s 以上，以保证污泥呈悬浮状态。好氧区溶解氧浓度应控制在 2 mg/L 以上。沉淀池内污泥一部分回流到氧化沟内，另一部分定期排出，并采取无害化处置或资源化利用。

5.4.2.3 SBR 工艺处理模式

SBR 工艺处理模式是序批式活性污泥法的简称，该工艺中的污水处理流程主要包括进水、生化反应、沉淀、排水、闲置 5 个程序，且所有处理程序均在一个反应池内完成（图 5-18）。因此 SBR 工艺最大的优势就是占地面积小，无须泥水回流。因 SBR 工艺属于序批式间歇进水，水质波动不会对生化池内的微生物体系造成明显影响，故该工艺无须设置调节池，减少了建设成本。SBR 处理通过合理设置各处理程序时间，使得生化池在不同时间段分别发生厌氧、好氧、缺氧生化反应，因而 SBR 不仅可分解去除污水中的有机物，也具备一定的生物脱氮除磷能力。在 SBR 沉淀阶段污水处于完全静止的状态，沉淀所需时间短、效率高。

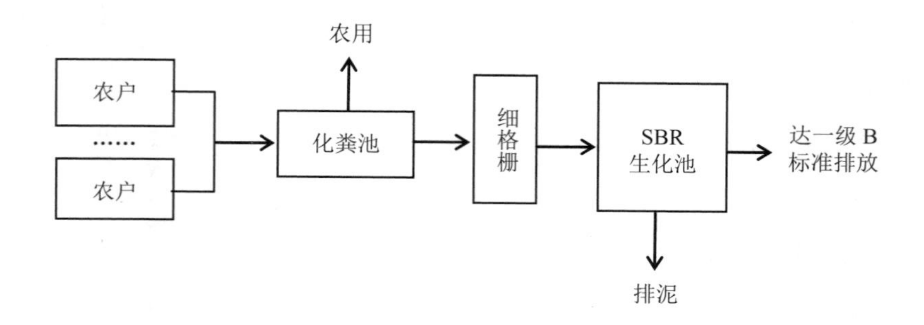

图 5-18　SBR 治理模式

该模式具有占地面积小、建设和运行成本低的优点，一般可达到《城镇污水处理厂污染物排放标准》（GB 18918—2002）中的一级 B 标准排放要求，但该模式运行操作程序相对复杂，脱氮除磷效果不是很好，适用于土地紧张、污水处理规模小且对出水要求不是很高的地区。

农村生活污水一般水质稳定，可生化性好，在进入 SBR 池之前一般只需采取化粪池和细格栅处理。化粪池建议设置为四格，最后一格要同时具备调节池的功能，水力停留时间不少于 24 h，相邻格之间通过污分管相串联，起到隔离漂浮物和 SS 的作用。

SBR 生化池的设计可参考《序批式活性污泥法污水处理工程技术规范》（HJ 575—2010）。由于 SBR 运行操作较复杂，必须安装自动控制系统和远程控制系统。

污水处理量波动较大时，一般情况下可采取调节排水量来解决，特殊情况下可采取调节处理周期时间来适应污水量的特大变化。一般情况下，SBR 沉淀池水体平均流速宜控制在 3 mm/min，否则会影响泥水分离效果。须制定严格的 SBR 滗水器巡检系统，发现隐患或故障应及时处理，突发故障时可停止运行或使用事故排水管排水。

5.4.2.4　厌氧—活性污泥法组合处理模式

该模式与厌氧接触—接触氧化处理模式相似，主要区别为该处理模式厌氧池和活性污泥生化池中不设置填料，厌氧池中需要设置搅拌装置防止污泥在底部沉积，好氧池中的污泥主要依靠曝气作用力保持污泥均匀地悬浮在好氧生化池内。相较于接触氧化法，活性污泥法污泥产生量大，且需要大量污泥回流，以补充活性污泥池内的污泥浓度。见图 5-19。

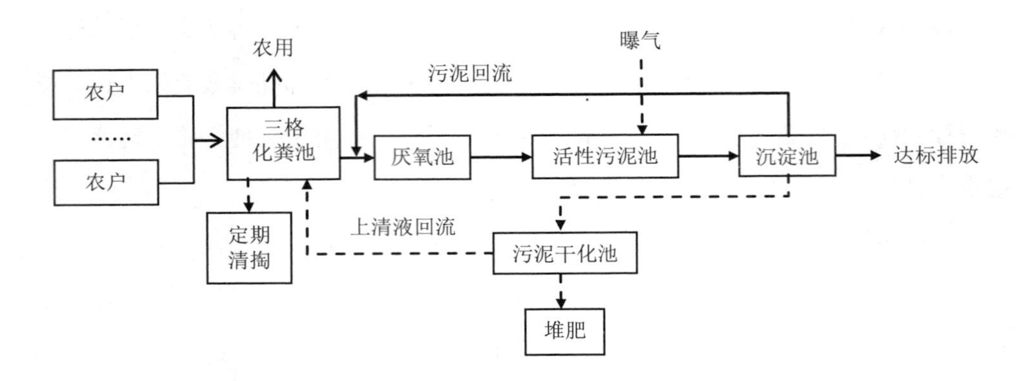

图 5-19 厌氧—活性污泥法组合处理模式

该模式污水处理效果较好，生化池内微生物量稳定，生物种类相对丰富，对水质、水量波动的适应性强，污染物去除效果好；但运行管理相对较为复杂，曝气能耗较高，污泥产生量大，TN 去除效果差。适用于农户集中、经济条件较好、污水处理量较大的区域。如果污水处理量不是很大，可不单独设置调节池，或者将化粪池设置为四格，最后一格要同时具备调节池的功能，水力停留时间不少于 24 h，相邻格之间通过污分管相串联，起到隔离漂浮物和 SS 的作用。

厌氧池和好氧池总的水力停留时间不低于 8 h，二者停留时间比约为 1∶3。合理选择曝气风机参数，活性污泥池内需氧量可按照 0.7～1.1 $kgO_2/kgBOD_5$ 计算。厌氧池内不设置生物膜填料，需采取机械搅拌以防止污泥沉积，同时均需设置排泥管定期排泥。沉淀池采取平流式、竖流式结构类型均可，沉淀池污泥斗坡度不低于 60°，且要采取表面光滑措施，以便于污泥下滑。

为了达到生物脱氮除磷的效果，需要将沉淀池内泥水混合液回流至厌氧池，回流比为 40%～100%。定期对厌氧池和好氧池内进行排泥，好氧池内污泥浓度（MLSS）保持在 3.0 g/L 左右。沉淀池内污泥需定期排泥，防止沉淀池底部污泥厌氧发酵上浮，影响出水效果，具体排泥周期和频次可根据实际运行情况确定。

5.4.2.5　缺氧—接触氧化法组合处理模式

图 5-20 是缺氧—接触氧化法处理模式的工艺流程。生活污水经化粪池/调节池处理后，漂浮物、SS、病原微生物均得到有效去除，部分有机物得到去除，同时污水的可生化性也得到明显提高。缺氧池的主要功能是反硝化脱氮，即反硝化菌将好氧池回流的硝态氮还原成氮气，同时降解部分有机物；接触氧化池内的好氧微生物将未降解小分子有机物彻底分解为 CO_2 和水，经沉淀池泥水分离，上清液达标排放，沉淀池底部污泥定期排出，同时实现除磷的目的。缺氧池和好氧池均设置生物膜填料，一方面可增加池内微生物数量和种类，另一方面可减少污泥回流量和排泥频率，有助于简化操作管理。生物膜填料建议优先选择立体固定填料，也可选择悬浮填料。

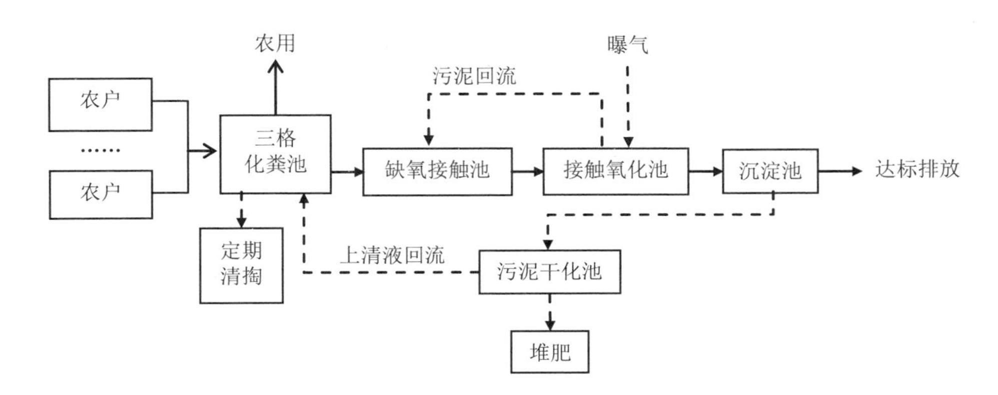

图 5-20　缺氧—接触氧化法组合处理模式

该模式污水处理效果较好，尤其是脱氮能力强，污泥产量少，无须污泥回流，无污泥膨胀；生化池内微生物稳定、丰富，对水质、水量波动的适应性强；操作简便、较传统活性污泥法动力消耗少。但运行管理相对较为复杂，曝气能耗较高，生化池内因加入生物膜填料导致建设成本稍高，TP 去除效果差。适用于农户集中、经济条件较好、污水处理量较大的区域。

如果污水处理量不是很大，可不单独设置调节池，或者将化粪池设置为四格，最后一格要同时具备调节池的功能，水力停留时间不少于 24 h，相邻格之间通过污分管相串联，起到隔离漂浮物和 SS 的作用。缺氧池和接触氧化池总的停留时间不低于 10 h，二者停留时间比约为 1∶2。合理选择曝气风机参数，接触氧化池内需氧量按照 0.7～1.1 $kgO_2/kgBOD_5$ 计算。缺氧接触池和好氧接触池内应设置生物膜填料，可不再进行机械搅拌，但均需设置排泥管定期排泥。沉淀池可采取平流式、竖流式结构类型，沉淀池污泥斗坡度不低于 60°，且要采取表面光滑措施，以便于排泥。

为了达到生物脱氮除磷的效果，需要将沉淀池内的泥水混合液回流至缺氧池，回流比为 40%～100%。定期对缺氧池和好氧池池内进行排泥，好氧池内污泥浓度（MLSS）保持在 3.0 g/L 左右。沉淀池内污泥需定期排泥，防止沉淀池底部污泥厌氧发酵上浮，影响出水效果，具体排泥周期和频次可根据实际运行情况确定。

5.4.3 四级处理模式

四级处理模式的出水一般可达到《城镇污水处理厂污染物排放标准》（GB 18918—2002）中的一级 A 标准排放要求。适合于农村生活污水四级处理的模式有很多，下面介绍几种具代表性的模式。

5.4.3.1 厌氧—缺氧—好氧生物膜法处理模式

厌氧—缺氧—好氧活性污泥法简称 A^2/O 工艺，它在 A/O 工艺的基础上增加了缺氧生化反应单元，从而增强了生物脱氮效果。厌氧—缺氧—好氧生物膜法处理模式又在 A^2/O 活性污泥法的基础上在生化池内增设了生物膜填料（图 5-21），其目的一是增加池内微生物数量和种类，二是减少污泥回流量和排泥频率，有助于简化操作管理。生物膜填料建议优先选择立体固定填料，也可选择悬浮填料。A^2/O 生物膜法处理模式同时包括厌氧、缺氧、好氧反应单元，还采取了污泥外回流和混合液内回流措施，这样污水不断重复交替出现厌氧、反硝化、好氧等生物反应，具有较好的有机物去除效率，尤其具备较强的生物脱氮除磷效果。

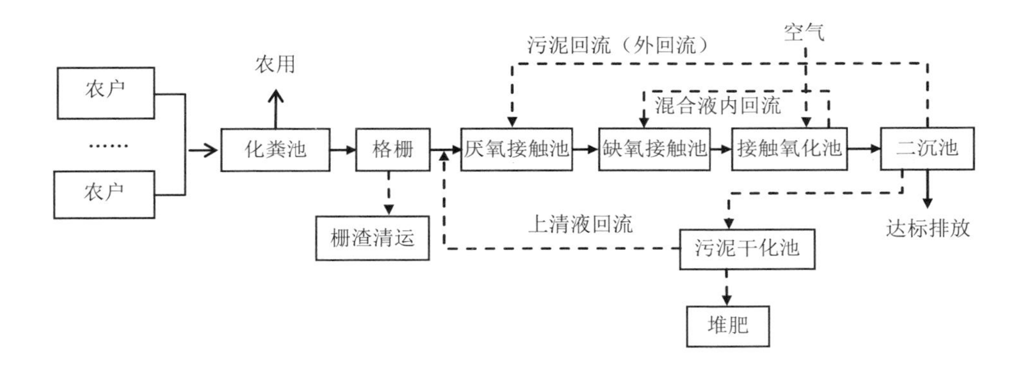

图 5-21　厌氧—缺氧—好氧生物膜法处理模式

该模式污水处理效果较好，生物膜内微生物量稳定，生物种类相对丰富，处理效果好，尤其具备较强的生物脱氮除磷能力，运行成本低；但运行管理较为复杂，曝气能耗较高，构筑物较多，建设成本较高。适用于农户集中、经济条件较好、污水处理量较大、出水要求高的区域。

生化池的设计可参考《厌氧—缺氧—好氧活性污泥法污水处理工程技术规范》（HJ 576—2010）。如果污水处理量不是很大，可不单独设置调节池，或者将化粪池设置为四格，最后一格要同时具备调节池的功能，水力停留时间不少于 24 h，相邻格之间通过污分管相串联，起到隔离漂浮物和 SS 的作用。厌氧池、缺氧池和接触氧化池内应设置了生物膜填料，可不再进行机械搅拌，但均需设置排泥管定期排泥。沉淀池可采取平流式、竖流式结构类型，但需保证较好的排泥效果，沉淀池污泥斗坡度不低于 60°，且要采取表面光滑措施，以便于污泥下滑。为了达到生物脱氮除磷的效果，需要将沉淀池内污泥回流至厌氧池，回流比为 40%～

100%，同时将好氧池内泥水混合液回流至缺氧池，回流比为 100%～400%。定期对厌氧池和接触氧化池进行排泥，好氧池内污泥浓度（MLSS）保持在 3.0 g/L 左右。沉淀池内污泥需定期排泥，防止沉淀池底部污泥厌氧发酵上浮，影响出水效果，具体排泥周期和频次可根据实际运行情况确定。

5.4.3.2 厌氧—好氧—生态技术处理模式

图 5-22 为厌氧—好氧—生态技术组合处理方法的工艺流程，生活污水经化粪池或沼气池预处理之后，部分有机物得到去除，再经过反复交替的厌氧—好氧生化处理之后，绝大部分有机物得到去除。该工艺设置了回流设施，同时具备一定的脱氮除磷效果，但 TN、TP 还不能满足《城镇污水处理厂污染物排放标准》（GB 18918—2002）中的一级标准排放要求。上述处理后的污水在经过沉淀池泥水分离之后，污水负荷明显降低，非常适合采取生态技术进一步处理，生态技术处理可选择人工湿地、土地渗滤、生态塘。厌氧池和好氧池设置生物膜填料，一方面可增加池内微生物数量和种类，另一方面可减少污泥回流量和排泥频率，有助于简化操作管理。生物膜填料建议优先选择立体固定填料，也可选择悬浮填料。

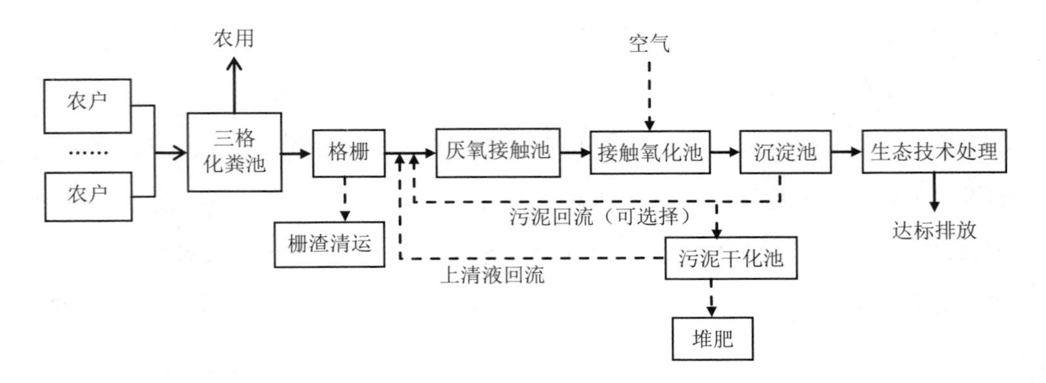

图 5-22 厌氧—好氧—生态技术处理模式

该模式生物膜内微生物量稳定、生物种类丰富、处理效果好、运行成本低，但运行管理较为复杂、占地面积大、建设成本高，适用于农户集中、经济条件较好、污水处理量较大、出水要求高、有闲置池塘或土地的农村区域。

生化池的设计可参考《厌氧—缺氧—好氧活性污泥法污水处理工程技术规范》（HJ 576—2010）。如果污水处理量不是很大，可不单独设置调节池，或者将化粪池设置为四格，最后一格要同时具备调节池的功能，水力停留时间不少于 24 h，相邻格之间通过污分管相串联，起到隔离漂浮物和 SS 的作用。厌氧池和接触氧化池内应设置生物膜填料，可不再进行机械搅拌，但均需设置排泥管定期排泥。沉淀池可采取平流式、竖流式结构类型，但需保证较好的排泥效果，因此，沉淀池污泥斗坡度不低于 60°，且要采取表面光滑措施。

为了达到生物脱氮除磷的效果，需要将好氧池内泥水混合液回流至缺氧池，回流比为 100%～400%。定期对厌氧池和接触氧化池进行排泥，好氧池内污泥浓度（MLSS）保持在 3.0 g/L 左右。沉淀池内污泥需定期排泥，防止沉淀池底部污泥厌氧发酵上浮，影响出水效果，具体排泥周期和频次可根据实际运行情况确定。

5.4.3.3　厌氧—跌水好氧法—生态技术处理模式

图 5-23 为厌氧—跌水好氧法—生态技术组合处理方法的工艺流程，其原理与厌氧—好氧—生态技术处理模式相似，主要区别为该处理模式的好氧充氧方式为多级跌水充氧方式，即污水从高处氧化池跌入低处氧化池内，污水在跌落过程中与空气接触充氧，同时跌入接触氧化池时产生剧烈的扰动，增加外部空气向池内污水的复氧量，从而使接触氧化池内的溶解氧满足好氧微生物的生长需求。末端的生态技术处理技术选择人工湿地、土地渗滤、生态塘等均可，可根据当地气候、土地条件、是否有可利用的池塘等实际条件选择最合适的生态处理工艺。

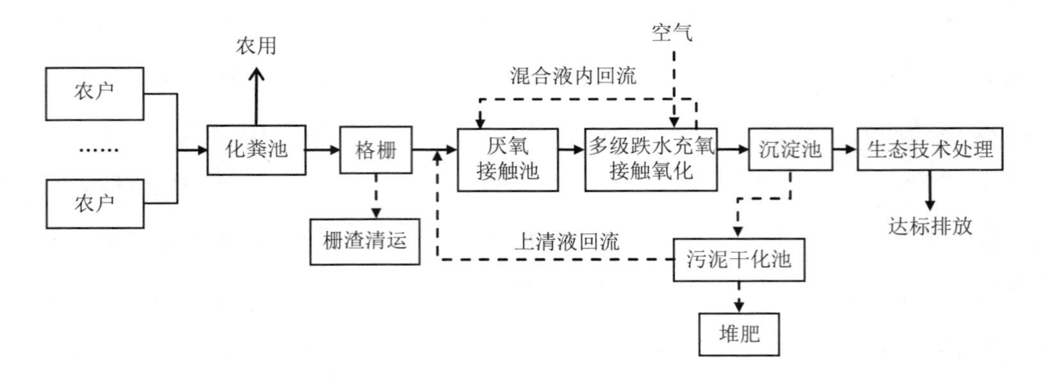

图 5-23　厌氧—跌水好氧法—生态技术处理模式

该模式具有处理效果好、能耗低、维护管理方便等优点，但同时存在以下缺点：占地面积大；填料上生物膜实际数量随 BOD 负荷而变，BOD 负荷高，则生物膜数量多；氧化池构造较为复杂，建设成本高。适用于居住相对集中且有空闲地，尤其是有地势落差或对氮磷去除要求较高的村庄，处理规模不宜超过 150 m^3/d。

跌水好氧应充分利用地形高程差，尽量设置多级跌水充氧接触氧化池。为防止污水断流，每个接触氧化池中间需用悬空隔板隔开，污水从隔板一侧上部跌入接触氧化池，从隔板下部流入接触氧化池另一侧，并从上部流出跌入下一级接触氧化池。每级接触氧化池均需设置排泥管或泥斗，定期排泥。

5.4.3.4　缺氧—好氧接触—生态技术处理模式

图 5-24 为缺氧—好氧接触—生态技术组合处理方法的工艺流程，生活污水经化粪池或沼气池预处理后，部分有机物得到去除，再经过反复交替的缺氧—好氧生化处理后，绝大部分有机物得到去除。该工艺设置了缺氧和回流设施，同时具备一定的脱氮效果，但 TP 可能还不能满足《城镇污水处理厂污染物排放标准》（GB 18918—2002）中的一级标准排放要求。上述处理后的污水再经过沉淀池泥

水分离之后，污水负荷明显降低，适合采取生态技术进一步处理，生态技术处理选择人工湿地、土地渗滤、生态塘均可。缺氧池和好氧池设置生物膜填料，一方面可增加池内微生物数量和种类，另一方面可减少污泥回流量和排泥频率，有助于简化操作管理。生物膜填料建议优先选择立体固定填料，也可选择悬浮填料。

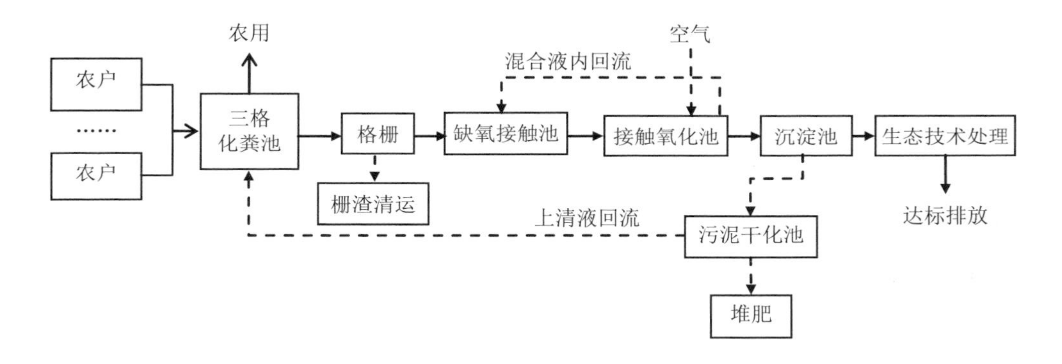

图 5-24　缺氧—好氧接触—生态技术处理模式

该模式生物膜内微生物量稳定、生物种类相对丰富、处理效果好、运行成本低；但运行管理较为复杂、占地面积大、建设成本高。适用于农户集中、经济条件较好、污水处理量较大、出水要求高，有闲置池塘或土地的农村区域。

生化池的设计可参考《厌氧—缺氧—好氧活性污泥法污水处理工程技术规范》（HJ 576—2010）。如果污水处理量不是很大，可不单独设置调节池，或者将化粪池设置为四格，最后一格要同时具备调节池的功能，水力停留时间不少于 24 h，相邻格之间通过污分管相串联，起到隔离漂浮物和 SS 的作用。缺氧池和接触氧化池内应设置生物膜填料，可不再进行机械搅拌，但均需设置排泥管定期排泥。沉淀池可采取平流式、竖流式结构类型，但需保证较好排泥效果，沉淀池污泥斗坡度不低于 60°，且要采取表面光滑措施，以便于排泥。

为了达到生物脱氮除磷的效果，需要将好氧池内的泥水混合液回流至缺氧池，回流比为 100%～400%。定期对缺氧接触池和好氧接触池内进行排泥，好氧池内污泥浓度（MLSS）保持在 3.0 g/L 左右。沉淀池内污泥需定期排泥，防止沉淀池底部污泥厌氧发酵上浮，影响出水效果，具体排泥周期和频次可根据实际运行情况确定。

5.4.3.5 缺氧—好氧接触—混凝处理模式

图 5-25 为缺氧—好氧接触—混凝组合处理方法的工艺流程，生活污水经化粪池或沼气池预处理后，部分有机物得到去除，再经过反复交替的缺氧—好氧生化处理后，绝大部分有机物得到去除。该工艺设置了缺氧和回流设施，同时具备一定的脱氮效果，但 TP 可能还不能满足《城镇污水处理厂污染物排放标准》（GB 18918—2002）中一级标准排放要求。上述处理后的污水再经过混凝沉淀处理，污水中的 SS 和 TP 会进一步明显降低，最终满足出水要求。

该模式具有生物膜内微生物量稳定、生物种类相对丰富、处理效果好、运行成本低等优点；但运行管理较为复杂、占地面积大、建设成本高。适用于农户集中、经济条件较好、污水处理量较大、出水要求高的农村区域。

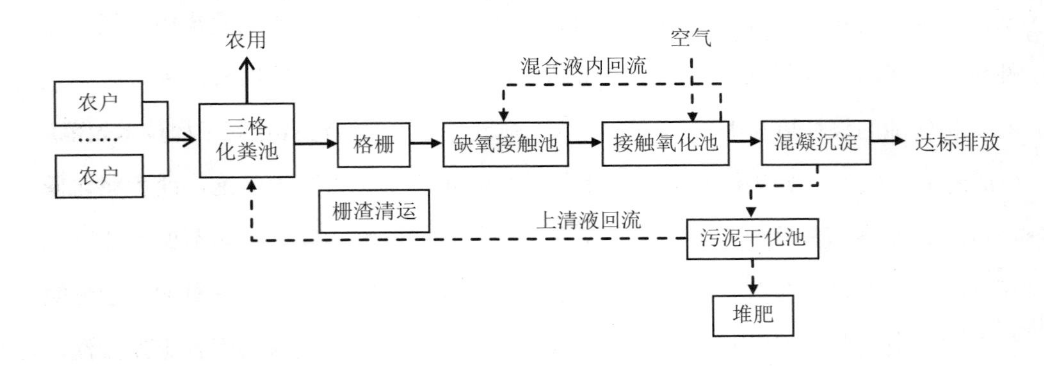

图 5-25 缺氧—好氧接触—混凝处理模式

生化池的设计可参考《厌氧—缺氧—好氧活性污泥法污水处理工程技术规范》（HJ 576—2010）。如果污水处理量不是很大，可不单独设置调节池，或者将化粪池设置为四格，最后一格要同时具备调节池的功能，水力停留时间不少于 24 h，相邻格之间通过污分管相串联，起到隔离漂浮物和 SS 的作用。

缺氧池和接触氧化池内应设置生物膜填料，可不再进行机械搅拌，但均需设置排泥管定期排泥。一般混凝剂只需使用无机混凝剂如聚合氯化铝即可，特殊情况时需无机混凝剂和有机混凝剂配合使用，进一步提高混凝处理效果。一般情况下将混凝剂配制成一定浓度的混凝剂溶液，通过湿投法将混凝剂溶液加入废水中，特殊情况时使用干投法将混凝剂加入废水中。建议优先通过机械搅拌方式将混凝剂与废水在混凝搅拌池内充分混合，再流入沉淀池内混凝沉淀。也可使用静态管道混合器将混凝剂与废水充分混合，但需采取措施防止静态管道混合器发生堵塞。混凝沉淀池采取平流式、竖流式结构类型均可，但需保证较好排泥效果，沉淀池污泥斗坡度不低于 60°，且要采取表面光滑措施。

为了达到生物脱氮除磷的效果，需要将好氧池内的泥水混合液回流至缺氧池，回流比为 100%～400%。定期对缺氧接触池和好氧接触池内进行排泥，使好氧池内污泥浓度（MLSS）保持在 3.0 g/L 左右。混凝沉淀池因污泥产生量比较大，需要每天定时排泥，以防止沉淀池底部污泥停留时间过长而厌氧发酵上浮，影响出水效果。化粪池、接触氧化池需定期吸污排泥，排泥周期约半年一次，具体频次视具体运行情况而定。需修建污泥储存池，并采取污泥脱水措施后处置。

5.5 居民集中村处理模式

大型聚居点处理模式适用于居民集中村，这类聚居点人口规模更大，污水产生量为 100～500 m^3/d，因生活污水作为农家肥或农田灌溉的比例更少，其水质浓度更接近于城镇生活污水。这种处理规模的生活污水排放要求为《城镇污水处理厂污染物排放标准》（GB 18918—2002）一级 A 或一级 B 标准均有可能，准确的排放要求主要取决于接纳水域的功能类别。因此对于大型分散处理模式仍然因地制宜，采取灵活多样的污水治理方式。

5.5.1 三级处理模式

由于农户居住比较分散，如果直接将生活污水通过管网收集后再处理，很容易发生堵塞，因此需要先对生活污水采取化粪池或者沼气池处理后进入污水管网，然后依靠重力自流流入污水处理站。如果生活污水不能重力自流流入污水处理站，可中途通过泵站提升。污水站出水为了满足《城镇污水处理厂污染物排放标准》（GB 18918—2002）中的一级 B 标准排放要求，可采取多种生物处理工艺，如 AO、SBR、氧化沟等，工艺流程可参考图 5-26。生物处理的目的是进一步去除生活污水中的有机物、N、P、SS 等污染物。

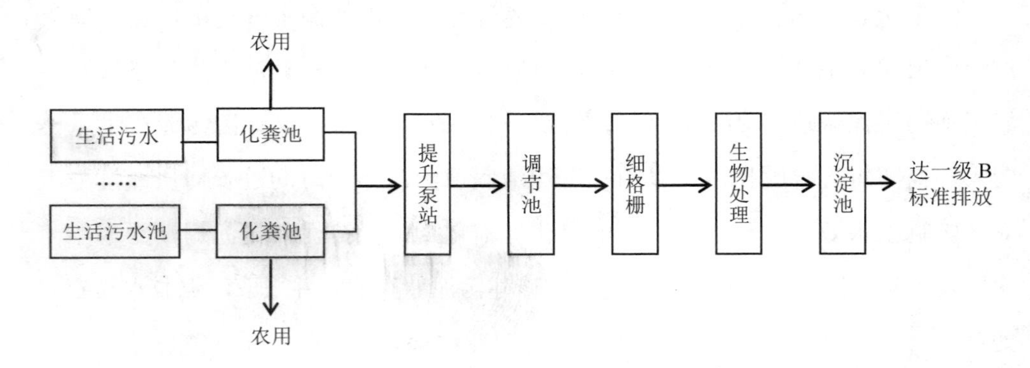

图 5-26　生物处理模式

该处理模式污水处理量大、处理效果较好、抗缓冲能力强，但运行管理较为复杂、曝气能耗较高、构筑物较多、建设成本高。适用于农户集中、经济条件较好、污水处理量较大、出水要求高的区域。

生化池的设计可参考《厌氧—缺氧—好氧活性污泥法污水处理工程技术规范》（HJ 576—2010）。因污水处理量较大，污水来源不规律，需设置单独调节池。生化池内宜设置生物膜填料，可不再进行机械搅拌，但均需设置排泥管定期排泥。生物处理会产生污泥，需设置沉淀池并进行泥水分离，并对产生的格栅渣和污泥进行资源化利用或无害化处置。

该模式需定期对污水提升泵站、化粪池内的污泥进行清掏。根据采用生物处理工艺需求，进行合理排泥和回流，一方面要使生化池内微生物数量充足，同时还要确保污泥处于活性状态，防止污泥老龄化。沉淀池内污泥需定期排泥，防止沉淀池底部污泥厌氧发酵上浮，影响出水效果，具体排泥周期和频次可根据实际运行情况确定。对剩余污泥可采取资源化利用或无害化处置。

5.5.2　四级处理模式

四级处理模式出水一般要求达到《城镇污水处理厂污染物排放标准》（GB 18918—2002）中的一级 A 标准排放要求，TN、TP 达标难度很大。适合于农村生活污水四级处理的模式有很多，下面介绍几种代表性模式。

5.5.2.1　生物—生态协同处理

如果污水站排水口下游有闲置土地或山坪塘，也可采用图 5-27 处理生活污水，即先选用 AO、SBR、氧化沟中某一种二级生物处理技术去除污水中绝大部分有机物、N、P、SS 等污染物，再采用生态技术进一步去除污水中 N、P 等污染物，确保满足《城镇污水处理厂污染物排放标准》（GB 18918—2002）中的一级 A 标准排放要求。上述生物处理后的污水再经过沉淀池泥水分离之后，污染负荷已经相对较低，非常适合采取生态技术进一步处理，生态处理工艺可结合当地自然条件选择人工湿地、土地渗滤或生态塘等。

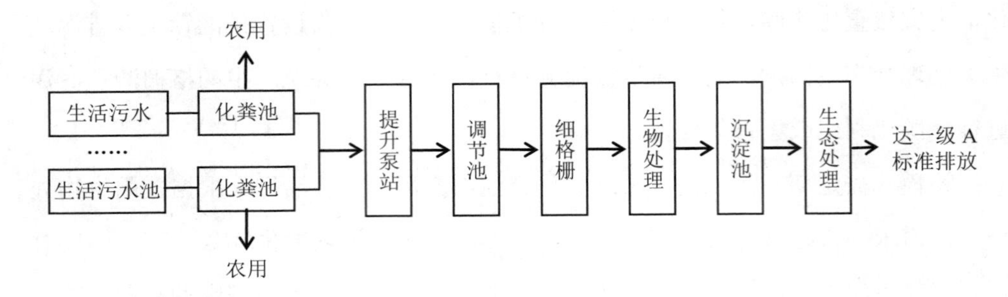

图 5-27 生物—生态协同处理模式

5.5.2.2 生物—化学协同处理

图 5-28 为生物—化学协同处理方法的工艺流程，生活污水经化粪池或沼气池预处理之后，部分有机物得到去除，再经过缺氧—好氧生化处理之后，绝大部分有机物得到去除。该工艺设置了缺氧和回流设施，同时具备一定的脱氮效果，但仅靠生物处理 TP 可能还不能满足《城镇污水处理厂污染物排放标准》（GB 18918—2002）中的一级 A 标准排放要求。上述处理后的污水再经过混凝沉淀处理后，在化学药剂（如聚合氯化铝、聚合硫酸铁等）的作用下，SS 和 TP 会进一步明显降低，最终满足出水要求。

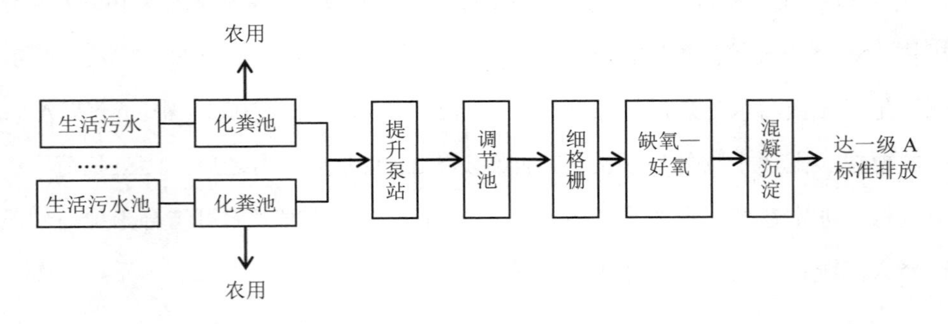

图 5-28 生物—化学协同处理模式

5.5.2.3　预处理-A^2/O 组合模式

预处理设施包括格栅和沉淀池，根据实际运行情况确定污泥回流比（一般为 40%～100%）和混合液回流比（一般为 100%～400%）。好氧区曝气宜根据污水处理设施规模确定，大中型污水处理设施宜选择鼓风式中孔、微孔水下曝气系统，小型污水处理设施可根据实际情况选择。当处理效果还无法满足出水要求时，在 A^2/O 后增加 MBR 池或人工湿地、土壤渗滤处理工艺，提高各污染物的去除效果。该组合模式适用于环境要求高、出水需满足特殊排放限值的地区。

5.5.3　生活污水纳入城镇污水管网处理模式

位于城镇周边的行政村，可综合考虑建设投资和管网建设难度等因素，对具备纳入城镇污水管网条件的，优先考虑将农村生活污水纳入市政管网，由城镇污水处理厂统一处理。采用该模式要核实城镇污水厂处理能力和污水管网的排水能力能否满足接入要求。

5.6　农家乐污水处理模式

5.6.1　农家乐污水水质特性

农家乐污水产生量主要与农家乐规模有关，污水排放时间主要集中在中午和晚上两个时段。农家乐大概可分为中餐类、火锅类、烧烤类三种类别，其污水来源主要包括厕所污水和餐厨废水，其中餐厨废水占比比较高。每种类别的农家乐污水水质和排放特征均不相同，表 5-1 显示了不同类别农家乐的污水水质状况。从表中可以看出，烧烤类农家乐污水水质接近生活污水水质，处理相对容易，而中餐类和火锅类农家乐水质浓度相对较低。同时调查研究还表明，中餐类、火锅类和烧烤类单位经营收入值的污水排放量分别为10.1 L/元、8.71 L/元和6.27 L/元，即烧烤类农家乐总体污水产生量也明显低于中餐类和火锅类。由此可证明，烧烤类农家乐污水对环境污染相对较小。但是无论哪一类农家乐，其污水水质均有一个共同特点，就是动植物油含量高，因此，去除动植物油脂是农家乐污水处理的一项重要内容。

表5-1 不同类型农家乐的污水水质特性 单位：mg/L

农家乐类别	TP		TN		NH_3-N		COD		AS		AVO		TSS	
	平均值	标准差	平均值	标准差	平均值	标准差	平均值	标准差	平均值	标准差	平均值	标准差	平均值	标准差
火锅类	4.0	±3.9	33.5	±26.1	114.3	±16.8	1 288	±1 040	206	±200	110.6	±4.66	924	±854
烧烤类	2.3	±2.1	37.3	±0.81	22.13	±1.50	312	±134	138	±116	55.77	±3.14	327	±462
中餐类	5.5	±5.6	38.7	±36.7	116.5	±20.2	1 223	±834	110	±105	110.0	±9.64	573	±781

5.6.2 农家乐废水处理推荐模式

农家乐一般情况下位置比较偏僻，规模不会很大，每天接待游客一般不会超过3 000人，按照游客污水产生量35 m^3/（人·d）计算，其污水最大产生量一般不会超过100 m^3/d。可根据农家乐污水水质特性、接纳水域要求、环境现状等因素，考虑采取以下推荐处理模式。

5.6.2.1 农家乐污水农用处理模式

如果农家乐规模很小，污水处理量不超过 5 m^3/d，且周边有充足的农田可消纳污水，可采用图5-29所示的农用处理模式处理，即餐厨废水隔油处理后与厕所污水混合进入生物设施处理，处理后的污水建议优先作为农家肥资源化利用。

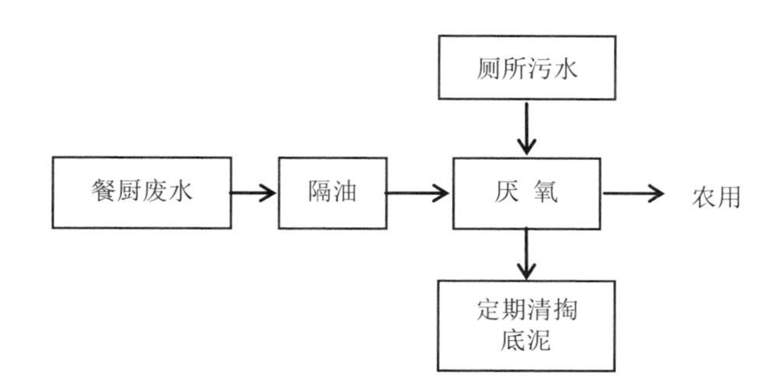

图 5-29　农家乐污水农用处理模式

该模式建设和运行成本低，维护管理方便，但污水处理量少，处理后尾水适合农业资源化利用。

隔油池可根据污水处理量选择一体化成品，也可修建混凝土结构，但均需满足隔油池设计参数要求，设计参数可参考《含油废水处理工程技术规范》(HJ 580—2010)。厌氧生物处理可根据污水水质选择合适的工艺：如果处理污水为烧烤类农家乐污水，由于其水质浓度低，可只采取化粪池或沼气池处理；如果处理污水为中餐或火锅类农家乐污水，因其水质浓度高，则需先采取化粪池或沼气池处理，然后再经厌氧生物膜处理后才能作为农家肥返田。运行过程需定期清捞隔油池浮油以及厌氧生化池底部沉泥。

5.6.2.2　隔油—厌氧—人工湿地处理模式

如果农家乐污水处理量超过 5 m^3/d，且周边没有充足农田可消纳污水，可采用图 5-30 所示的农用处理模式处理，即餐厨废水经隔油处理后与厕所污水混合进入化粪池或沼气池厌氧发酵处理，处理后的污水建议优先作为农家肥资源化利用，利用不完的污水需进一步采取厌氧接触法去除污水中的有机物，但此时污水中的磷仍有可能不满足《城镇污水处理厂污染物排放标准》(GB 18918—2002) 中的二级排放标准，需进一步采取生态处理。

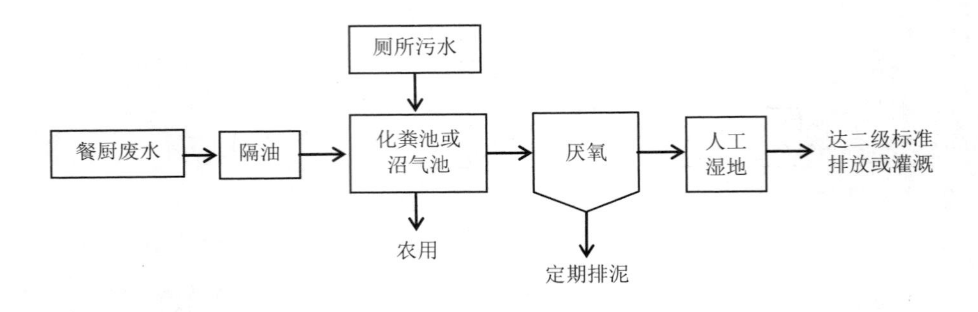

图 5-30 隔油—厌氧—人工湿地处理模式

该模式适用于污水处理量小、污水水质浓度低的烧烤类农家乐污水。其具有运行成本低、维护管理方便等优点，但处理效果一般，生态处理占地面积大。隔油池可根据污水处理量选择一体化成品，也可修建为混凝土结构，但均需满足隔油池设计参数要求，隔油池设计参数可参考《含油废水处理工程技术规范》（HJ 580—2010）。人工湿地的设计参数可参考《农村生活污水处理工程技术标准》（中华人民共和国住房和城乡建设部发布）。厌氧接触池内需设置填料，并定期清掏污泥。运行过程需定期清捞隔油池浮油以及厌氧生化池底部沉泥。

5.6.2.3 隔油—厌氧—混凝沉淀处理模式

如果农家乐污水处理量超过 5 m^3/d，且周边没有充足农田来消纳污水，可采用图 5-31 所示的农用处理模式处理。即餐厨废水经隔油处理后与厕所污水混合进入化粪池或沼气池厌氧发酵处理，处理后的污水建议优先作为农家肥资源化利用，没有利用完的污水需进一步采取厌氧接触法去除污水中的有机物，最后再通过混凝沉淀处理达到《城镇污水处理厂污染物排放标准》（GB 18918—2002）二级排放标准。

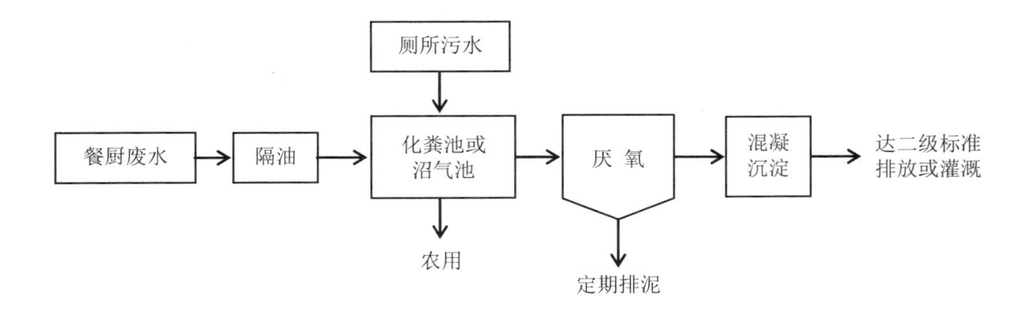

图 5-31　隔油—厌氧—混凝沉淀处理模式

该模式适用于污水处理量小、污水水质浓度低的烧烤类农家乐，以及农家乐周边无闲置土地、池塘等不适合采取生态处理的地区。其除磷效果好，但运行成本高，混凝沉淀中的污泥产生量比较大，排泥频率高，维护管理较为复杂。

隔油池可根据污水处理量选择一体化成品，也可修建混凝土结构，但均需满足隔油池设计参数要求，隔油池设计参数可参考《含油废水处理工程技术规范》（HJ 580—2010）。鉴于混凝沉淀中的污泥产生量比较大，需设置污泥脱水和处置设施且需定期清捞隔油池浮油以及厌氧生化池底部沉泥。

5.6.2.4　隔油—混凝—厌氧—生态处理模式

火锅和中餐类农家乐污水除了油脂含量高，还存在污水处理量大的问题。隔油池仅能去除污水中的浮油，处理后污水中仍然含有分散油、乳化油或溶解性油等，仍然会影响后续生化处理效果。这种情况可采用图 5-32 的处理模式，即餐厨废水先采取隔油和混凝处理以去除废水中的绝大部分油脂（包括非溶解性和溶解性油脂），然后与厕所污水混合进入化粪池厌氧发酵处理，接着进一步采取厌氧和生态技术组合处理达到《城镇污水处理厂污染物排放标准》（GB 18918—2002）二级标准排放或灌溉标准。

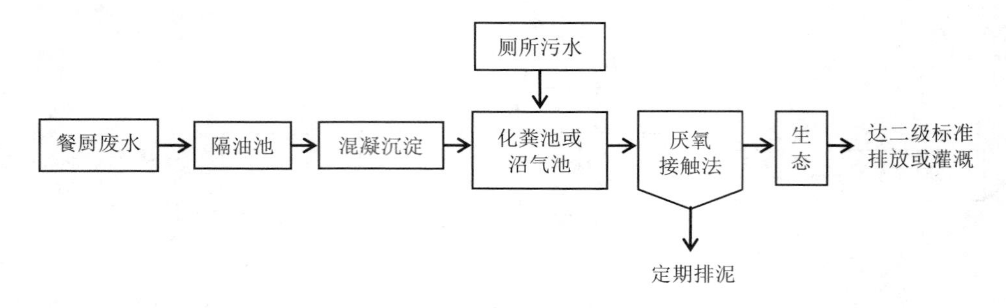

图 5-32　隔油—混凝—厌氧—生态处理模式

该模式适用于污水量大、动植物油含量高的农家乐污水处理，处理效果相对较好，可达《城镇污水处理厂污染物排放标准》（GB 18918—2002）二级排放标准，但建设和运行成本高，维护管理较麻烦。

隔油池可根据污水处理量选择一体化成品，也可修建混凝土结构，但均需满足隔油池设计参数要求，隔油池设计参数可参考《含油废水处理工程技术规范》（HJ 580—2010）。厌氧接触池内需设置填料，并定期清掏污泥。混凝处理药剂可选取石灰与聚丙烯酰胺配合使用，也可选择其他合适药剂。先将混凝药剂配制成溶液，再通过管道混合器与污水混合，也可通过机械搅拌与污水混合。需定期对混凝沉淀池底定期排泥，以防止沉淀池污泥厌氧发酵上浮，具体排泥周期通过调试确定。

如果是中餐类或火锅类农家乐，其污水中动植物油脂和有机物含量均较高，需要调查污水水质浓度，根据水质浓度设计厌氧接触池容积。此外，需定期清捞隔油池浮油和生化池底泥，排出混凝沉淀池的沉淀污泥，并对污泥进行脱水处置。

5.6.2.5　混凝—厌氧—好氧接触法处理模式

对于 COD 和动植物油含量分别超过 1 000 mg/L 和 150 mg/L 的农家乐污水，仅采取厌氧处理很难满足一级排放标准，可采用图 5-33 所示的农用处理模式处理，即餐厨废水经混凝处理去除废水中的绝大部分油脂，然后与厕所污水混合进入厌氧—好氧生物处理。生物处理建议优先选择厌氧—好氧接触法，该工艺具有微生物丰富且稳定、污泥产生量少等优势，便于后期的运行维护管理。

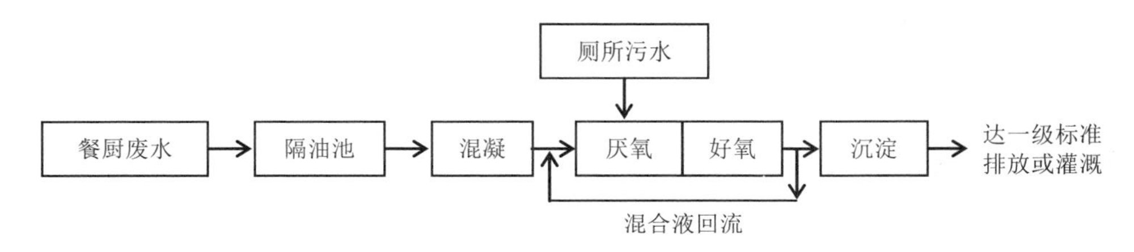

图 5-33　混凝—厌氧—好氧接触法处理模式

该模式适用于规模小、水质浓度高的农家乐污水处理，如火锅类或中餐类农家乐污水，其处理效果好，但建设和运行成本高，维护管理相对复杂，且能耗相对较高。

隔油池可根据污水处理量选择一体化成品，也可修建混凝土结构，但均需满足隔油池设计参数要求，隔油池设计参数可参考《含油废水处理工程技术规范》（HJ 580—2010）。厌氧接触池内需设置填料，并定期清掏污泥。混凝药剂可选取石灰与聚丙烯酰胺配合使用，也可选择其他合适药剂。先将混凝药剂配制成溶液，再通过管道混合器与污水混合，也可通过机械搅拌与污水混合。需定期对混凝沉淀池排泥，以防止沉淀池污泥厌氧发酵上浮，具体排泥周期通过调试确定。如果是中餐类或火锅类农家乐，其污水中动植物油脂和有机物含量均较高，需要调查污水水质浓度，根据水质浓度设计厌氧接触池容积。为增强脱氮除磷效果，需设计回流设施，将部分好氧池泥水混合液回流至厌氧池。

5.6.2.6　三级处理模式

三级处理模式适用于污水处理量大、处理效果要求高的农家乐，出水水质一般可达《城镇污水处理厂污染物排放标准》（GB 18918—2002）一级 B 排放标准。对于污水产生量大、动植物油和有机物含量均较高的农家乐污水，可采用图 5-34

所示的三级处理模式处理，即餐厨废水先采取除油措施除去废水中的绝大部分油脂，同时厕所污水先经过化粪池厌氧发酵处理，然后二者混合进入调节池，再通过厌氧—好氧二级生化和沉淀泥水分离处理后达标排放。

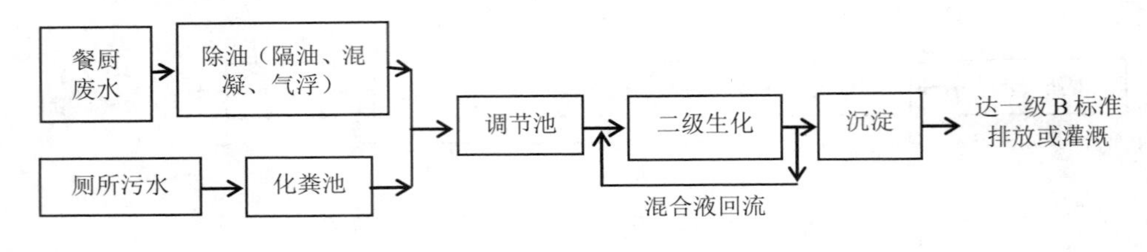

图 5-34　三级处理模式

如果是烧烤类农家乐，其污水中的动植物油主要是浮油，可采取隔油池除油；如果是中餐或火锅类农家乐，其污水中除了浮油还含有分散油、乳化油或溶解性油等，则需先采取隔油池去除浮油，再进一步采取气浮措施去除其他形态的油脂；如果采用气浮法除油，浮渣产生量比较大，需设计浮渣脱水处理措施。还要定期清捞隔油池浮油，以及生化池、混凝沉淀池的沉淀污泥，并对污泥进行脱水处置。二级生化工艺建议优先选择厌氧—好氧接触法，该工艺具有微生物丰富且稳定、污泥产生量少等优势，便于后期的运行维护管理；也可根据水质特性、现场环境、投资金额等实际情况，选择氧化沟、SBR、活性污泥法等生化工艺。

该模式具有去除效果较好、运行成本较低等优点，但建设成本高，维护管理较麻烦。

隔油池可根据污水处理量选择一体化成品，也可修建混凝土结构，但均需满足隔油池设计参数要求，隔油池设计参数可参考《含油废水处理工程技术规范》（HJ 580—2010）。

5.6.2.7　四级处理模式

四级处理出水水质一般要求达到《城镇污水处理厂污染物排放标准》

（GB 18918—2002）一级 A 标准。可选用以下几种推荐模式处理。

（1）除油—生物—生态处理模式

对于污水产生量大、动植物油和有机物含量均较高的农家乐污水，可采用如图 5-35 所示的除油—生物—生态处理模式处理。即餐厨废水先采取除油措施除去废水中的绝大部分油脂，同时厕所污水先经过化粪池厌氧发酵处理，然后二者混合进入调节池再通过厌氧—好氧二级生化和沉淀泥水分离处理后，污水污染负荷已经相对较低，非常适合采取生态技术进一步处理，生态处理工艺可结合当地自然条件选择人工湿地、土地渗滤、生态塘等。

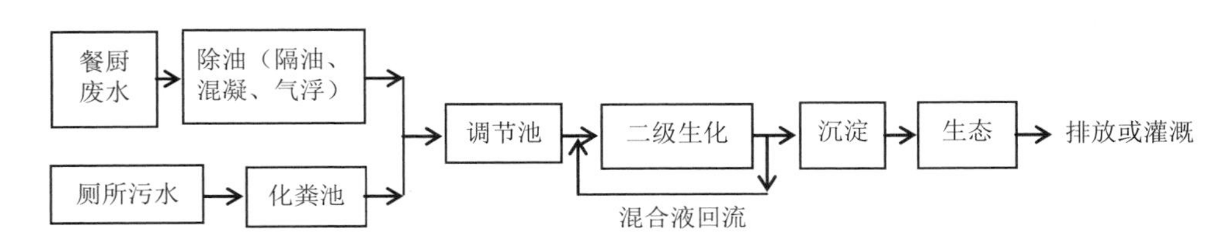

图 5-35　除油—生物—生态处理模式

如果是烧烤类农家乐，其污水中动植物油形态主要是浮油，可采取隔油池除油；如果是中餐或火锅类农家乐，其污水中除了浮油还含有分散油、乳化油或溶解性油等，需先采取隔油池去除浮油，再进一步采取混凝或气浮措施去除其他形态的油脂。二级生化工艺建议优先选择厌氧—好氧接触法，也可根据水质特性、现场环境、投资金额等实际情况选择氧化沟、SBR 或活性污泥法等生化工艺。

该模式适用于污水处理规模相对较大，水质浓度较高的农家乐污水处理，如火锅类或中餐类农家乐，去除效果较好，运行成本较低，但建设成本高，维护管理较麻烦，占地面积大。

（2）除油—厌氧—缺氧—好氧接触法处理模式

如果农家乐周边无自然池塘或闲置土地可用，且无法实施生态处理时，可采取如图 5-36 所示的除油—厌氧—缺氧—好氧接触法模式处理，即餐厨废水先采取除油措施除去废水中的绝大部分油脂，同时厕所污水先经过化粪池厌氧发酵处理，然后二者混合进入调节池，再通过厌氧—缺氧—好氧生化和沉淀泥水分离处理后达一级标准排放。该模式同时包括厌氧、缺氧、好氧反应单元，还采取了污泥外回流和混合液内回流措施，这样污水不断重复交替经过厌氧、反硝化、好氧等生物反应，因而该工艺不仅具有较好的有机物去除效果，还具备较强的生物脱氮除磷效果。

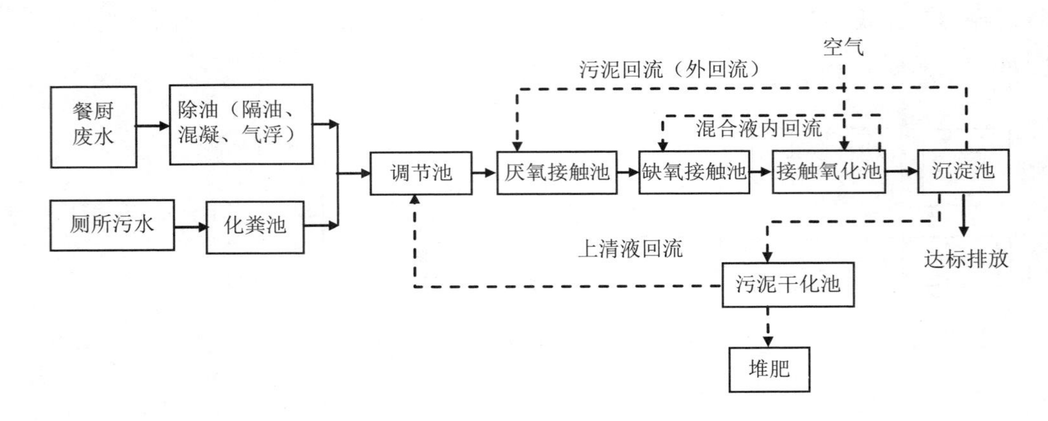

图 5-36 除油—厌氧—缺氧—好氧接触法处理模式

5.7 畜禽散养废水处理模式

5.7.1 畜禽散养废水水质特点和排放水质要求

农村畜禽散养户养殖废水主要来源于畜禽尿液、粪便和冲洗水。废水的水量水质与养殖种类、圈舍清洗方式、饲料品种、天气等多种因素有关。故不同地区养殖废水差别很大，但总体上畜禽散养废水一般属于高浓度有机废水，其 COD 浓度一般超过 1 000 mg/L。

本章推荐模式仅为农村个体农户或散养户养殖废水的处理提供参考，不适用于集约化、规模化、畜禽养殖场和畜禽养殖区的养殖废水处理。畜禽粪污既是严重的污染源，也是宝贵的资源。因此，畜禽散养废水的处理应以优先资源化利用、后治理达标排放为原则。鉴于农村畜禽散养废水产生量比较少，建议与农村生活污水混合后处理。目前国家和地方管理部门均没有制定关于畜禽散养废水处理的排放标准，本书建议参考执行《城镇污水处理厂污染物排放标准》（GB 18918—2002）。

5.7.2　畜禽散养废水处理推荐模式

鉴于畜禽散养废水的水量水质差异很大，本书推荐三种处理模式供参考，分别为农用处理模式、综合利用处理模式和达标排放处理模式。

5.7.2.1　农用处理模式

农用处理模式是指将养殖废水与生活污水混合，经沼气池或者化粪池处理后，作为农家肥返田的处理模式。其处理流程可参考单一农户生活污水处理模式和多农户生活污水处理模式，该模式仅适用于养殖废水量很少且有农田消纳的地区。

5.7.2.2　综合利用处理模式

综合利用处理模式强调的是种养结合，适用于一些周边有农田、鱼塘或水生植物塘且养殖量较大的畜禽散养户，它以生态农业的观点统一筹划、系统安排，使周边的农田、鱼塘或水生植物塘将厌氧消化处理后的废水完全消纳。畜禽粪便废水在经厌氧消化处理和进一步固液分离后，沼渣用来生产有机肥料，沼液则排灌到农田、鱼塘或水生植物塘，使粪便得到能源、肥料的多层次资源化利用，最终达到粪污的“零排放”。这种模式遵循了生态农业原则，具有良好的经济效益和环境效益，其处理工艺流程如图 5-37 所示。

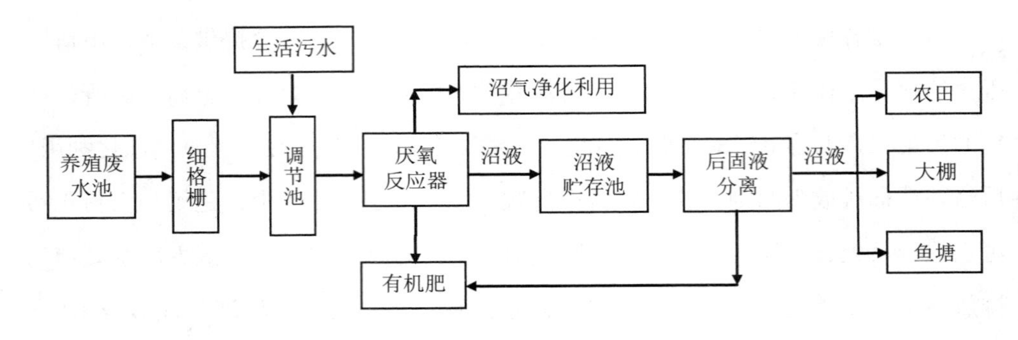

图 5-37 综合利用处理模式

畜禽养殖废水属于高有机物浓度、高 N、P 含量和高有害微生物数量的废水，通常单独采用好氧处理方法很难达到排放或回用标准，所以厌氧技术成为畜禽养殖场粪污处理中不可缺少的关键环节。经厌氧处理后，废水中的 COD 去除率一般可达 80%～90%，且运行成本相对较低。废水经厌氧处理后既可以实现无害化，还可以回收沼气和有机肥料，是解决畜禽粪便污水无害化和资源化问题的最有效的技术方案。

厌氧反应技术有沼气池、内循环厌氧反应器（IC）、膨胀颗粒污泥床反应器（EGSB），以及全混合厌氧反应器（CSTR）、升流式固体反应器（USR）、推流式反应器（PFR）、升流式厌氧污泥床（UASB）、厌氧复合床反应器（也称污泥床滤器 UBF）等。厌氧反应器的选择和设计应根据所处理废水的水量水质、工程类型和工艺路线来确定。CSTR、USR、PFR 等适用于高 SS 浓度的废水处理，通常适用于畜禽粪污综合利用的处理工艺。UASB 和 UBF 则要求进水的 SS 浓度较低，是畜禽粪污达标排放处理工艺推荐采用的厌氧反应器类型。厌氧反应器的设计参数可参考《畜禽养殖业污染治理工程技术规范》（HJ 497—2009）。

5.7.2.3 达标排放处理模式

达标排放处理模式主要是针对畜禽养殖农户占比高，且周边既无足够农田消纳，又无闲暇空地可供建造鱼塘和水生植物塘的农村地区。畜禽养殖废水在经厌氧消化处理后，必须再经过适当地进一步深度处理才能达到规定的环保标准排放或回用，具体处理工艺可参考图 5-38。养殖废水经厌氧反应器处理后，绝大部分有机物被去除，同时提高了废水的可生化性，但此时废水中有机物、N、P 含量仍然很高，需进一步采取深度处理才能达标排放。深度处理方法有很多种，根据废水处理级别，可选择四级处理、三级处理和二级处理模式，每个级别的处理模式又可采用不同的处理方法，具体处理方法的确定可根据处理水质的特性和排放要求参考选择表 5-2 中的推荐模式。

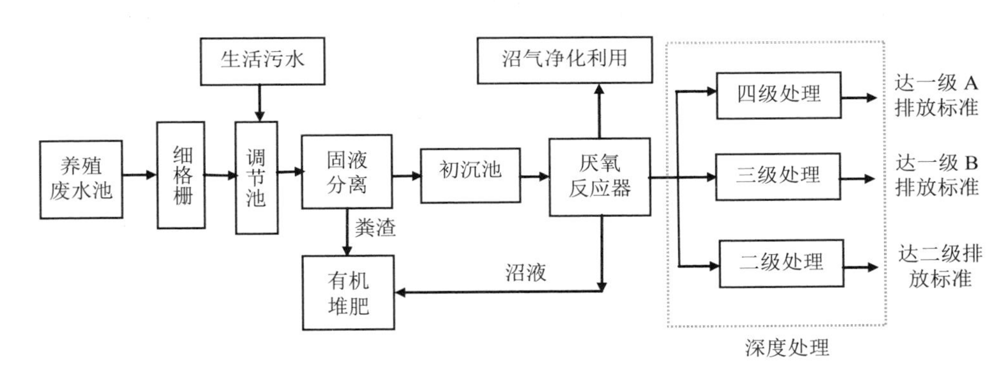

图 5-38　养殖废水达标排放处理模式

表 5-2　养殖废水深度处理推荐模式

<table>
<tr><th>处理级别</th><th>处理方法</th><th>适用特点</th><th>处理效果</th></tr>
<tr><td rowspan="5">四级处理</td><td>厌氧—缺氧—好氧</td><td rowspan="4">适用于人口聚集程度高、土地资源紧张、环境敏感性较高，且对运行费用有一定承受能力，对出水水质要求较高的地区</td><td rowspan="5">满足《城镇污水处理厂污染物排放标准》（GB 18918—2002）一级 A 排放标准</td></tr>
<tr><td>MBR 处理</td></tr>
<tr><td>地埋式微动力生物技术</td></tr>
<tr><td>缺氧—好氧—混凝</td></tr>
<tr><td>缺氧—好氧—生态</td><td>适用于居住相对集中且有空闲地、有自然池塘或闲置沟渠，对地表水环境质量要求较高的地区，尤其适用于对氮磷去除要求较高的村庄，处理规模不宜超过 150 m^3/d</td></tr>
</table>

<table>
<tr><th>处理级别</th><th>处理方法</th><th>适用特点</th><th>处理效果</th></tr>
<tr><td rowspan="6">三级处理</td><td>厌氧一好氧</td><td rowspan="6">适用于经济条件相对较好，土地相对紧张，对 N、P 去除有一定要求的村庄</td><td rowspan="6">满足《城镇污水处理厂污染物排放标准》（GB 18918—2002）一级 B 排放标准</td></tr>
<tr><td>氧化沟</td></tr>
<tr><td>厌氧一活性污泥法</td></tr>
<tr><td>厌氧一接触氧化法</td></tr>
<tr><td>地埋式微动力生物技术</td></tr>
<tr><td>SBR</td></tr>
<tr><td rowspan="3">二级处理</td><td>厌氧一人工湿地
厌氧一生态塘</td><td>适用于居住相对集中且有空闲地、有自然池塘或闲置沟渠，对出水水质要求不高的区域</td><td rowspan="3">满足《城镇污水处理厂污染物排放标准》（GB 18918—2002）二级排放标准</td></tr>
<tr><td>生物接触氧化</td><td rowspan="2">适用于土地相对紧张，对出水水质要求不高的区域</td></tr>
<tr><td>活性污泥法</td></tr>
</table>

第 6 章　处理模式的选择、污泥处置及设施管理

6.1　农村生活污水处理模式的选择

6.1.1　选择原则

（1）一般情况下，农村生活、生产污水既是污染物，也是宝贵的资源，宜优先采取资源化利用措施，多余的或无法利用的废水再采取处理达标排放措施。

（2）农村生活、生产污水处理应综合考虑污水的水量、水质、排放要求，还有当地的地形、气候、环境容量，以及建设运行成本、维护管理等因素，因地制宜选择适宜的处理方法。

（3）大部分农村生活、生产污水所含污染物种类多，组分复杂，仅通过一种技术很难将其处理达标，宜选择多种技术的组合处理工艺。

（4）污水收集过程中应充分利用地形，尽量采取重力自流和跌水充氧，减少收集或处理费用。

（5）应根据农户和污染源的分布，选择分散处理、集中处理或分散集中相结

合的处理模式。对于地形复杂、难以收集的散户污水宜采取分散处理模式；对于农户分布较多且分散的地区宜采取分片预处理和集中处理相结合的模式；对于农户数量多且集中的地区宜采取集中处理。

（6）对人口规模较大、聚集程度较高、经济条件较好的村庄，宜通过铺设污水管道集中收集生活污水，采用生态处理、常规生物处理等无动力或微动力处理技术进行处理。对人口规模较小、居住较为分散、地形地貌复杂的村庄，宜就地就近收集处理农户生活污水。

（7）距离城镇污水厂较近的农村地区，宜优先考虑采取管网收集措施将生活污水接入城镇污水处理。

（8）为了充分利用污水中的N、P、有机物等营养性污染物，建议优先采取土地渗滤、湿地、农灌沟渠等生态技术处理污水。

（9）对位置偏僻或有足够农田消纳污水的农村地区，宜结合当地农业生产，加强污水的资源化削减和尾水的农灌回用。

（10）为了减少污水处理站故障发生频次，降低运行成本，并便于污水处理设施的维护管理，污水处理设计在满足达标排放的前提下，宜尽量减少动力设备的使用。

6.1.2 选择依据

（1）进水水质特性

污水进水水质特性主要包括污水中污染物的类别、浓度、处理量等，这些因素是确定处理模式尤其是处理工艺设计的重要决定因素。例如，污水中油类污染物含量高，就需要设计除油预处理设施；SS含量特别高，就需要设置初沉池；污水处理量大，一般选用建设成本高、运行成本低的处理措施，否则反之。

（2）出水水质要求

出水水质的要求一般决定着污水处理的深度、处理工艺的复杂程度和先进性。

对出水水质要求高的区域一般要考虑使用出水稳定、处理效果好的工艺设备。

（3）土地条件

农村生活污水水质浓度低，适合人工湿地、生态塘、土地处理等生态处理技术。生态处理技术有个重要缺陷就是占用土地面积大，但在广大的农村地区，闲置土地较多，存在大量天然的山坪塘、沟渠、沼泽地、湿地等，这为生活污水采取生态处理技术提供了便利。通常，当有废弃沟塘时，可将其改造为稳定塘；当场地渗透性较好时，可采用地下渗滤系统；当渗透性一般时，可采用人工湿地；当场地受限时，可采用由成熟生化处理技术组合而成的一体化设备。

（4）地形地貌

地形地貌非常影响处理模式的选择，尤其是地形为丘陵山地的广大农村区域，生活污水的收集非常困难。如果农户居住分散，则只能采取单独收集、简单处理后排放或农用的模式。

6.2　农村生活污水处理设施的污泥处置

6.2.1　污泥来源及特性

农村生活污水处理产生的污泥主要来源于化粪池底部沉积的污泥、沼气池底部沉积的沼渣、生化池定期排出的底泥、初沉池和二沉池排出的污泥、生态塘定期清淤产生的塘泥以及混凝沉淀池排出的化学污泥。污泥组分可分为两大类，一类是水分，一般情况下污泥含水率为 95%以上；另一类是污泥固体，主要成分为蛋白质、纤维素、油脂、N、P 等。

6.2.2　污泥处置方式

一般情况下农村生活污水处理设施产生的污泥不含重金属等污染土壤的物

质，且具有一定肥效和土壤改良能力，故可采取浓缩、自然干化、堆肥等无害化处置后施用于林地、农田，但前提是必须满足《农用污泥污染物控制标准》（GB 4284—2018）的要求。不具备农田消纳的地区也可将污泥作为制砖等建筑材料生产原料、有机肥生产原料，或通过焚烧的方式处置。

一般情况下农村生活污水处理产生的污泥均富含有机质、N、P 等植物所需的养分，而且腐殖质特性很强，适合处理后作为有机肥返田。鉴于农村生活污水设施分布分散，且处理方式多样，其产生的污泥也应该采取灵活多样的处置方式。污泥处置根据污水处理规模和处理方式可分为散户污泥处理和集中污泥处理。

散户污泥处理方式主要适用于处理规模小、处理方式简单、污泥产生量少的污水处理系统。其处理对象多为化粪池、沼气池、调节池、厌氧池等生化设施的底泥。这类污泥的腐殖质含量高，清掏排出后可直接作为农家肥返田，如果污泥产生量大，可采取重力浓缩和堆肥发酵处理后再运往农田消纳。对于集中污水处理系统产生的污泥，可先抽排至重力浓缩池浓缩，再将浓缩后的污泥抽至污泥干化场堆放，待自然风干并熟化稳定后，再用于农田或林草地绿化施肥。对于混凝沉淀产生的污泥，因铁铝盐含量高，可在脱水处理后送往填埋场填埋或者作为建筑材料的生产原料使用。

6.3 农村生活污水处理设施的管理

6.3.1 污水处理设施的运维方式

污水处理设施常见的运行维护模式主要有属地自行运维、委托第三方运维和建设运维一体化三种模式。

属地自行运维模式适合经济发展水平不高、污水治理刚起步或者设施较为分散的村庄。庭院式污水处理或污水收集户数较少的设施，处理简单，可由农户自行维护管理。由于属地运维人员一般对污水处理知识比较欠缺，出现水质异常或设备故障时通常无法自行解决，易导致污水处理设施瘫痪或荒废，因此，属地自行运维模式应加强运维人员的技术培训和业务指导，并安排专业技术人员定期巡检。

委托第三方运维模式又分为政府购买服务模式和租赁设施服务模式。其中以政府购买服务模式最为常见，这种模式一般是由政府投资建设污水处理设施，并调试至正常运行状态，然后移交第三方进行维护运行。政府或村集体拥有设施产权，并对第三方的设施运维情况进行监督，根据污水治理的绩效向第三方支付费用。租赁设施服务模式是由村镇租赁第三方公司的污水处理设施，并委托第三方对污水处理设施进行维护管理，污水处理设施产权归第三方所有，政府或村镇作为业主根据污水处理量和处理效果向第三方支付处理费用。

建设运维一体化模式是将设施建设与后期运行一体化捆绑，均由第三方负责，当地村镇根据运行绩效分期向企业拨付项目资金。

采用建设运维一体化模式，须就农村生活污水处理设施项目与第三方签订特许权协议，由授权签约方企业承担该项目的投资（融资）、建设和维护，在协议规定的特许期限内，许可其建设和经营特定设施，回收投资并赚取利润。政府对基础设施建设和运行有监督权和调控权。特许期满，签约方的企业将该设施无偿或有偿移交给政府部门。

由于农村生活污水处理方式差别很大，其运维方式也应根据处理设施的复杂程度来选择。对于单一农户或联合处理的散户，其处理方式主要为化粪池、沼气池或者厌氧生化池，其运行维护管理比较简单，主要是定期清掏底泥或沼渣，农户可自行维护管理。对于处理规模小于 100 m^3/d 的小型集中污水处理站，其维护管理相对复杂，可对当地居民进行专业培训后进行运行维护管理。对于处理规模大于 100 m^3/d 的集中污水处理站，宜委托专业的第三方机构进行运行维护管理。

6.3.2 污水设施的运行维护内容

（1）预处理设施

预处理设施主要指化粪池、沼气池、格栅、调节池等构筑物设施，应定期清扫清运格栅渣，定期清掏化粪池、沼气池、调节池等构筑物的底泥。清扫和清掏的频率根据实际运行情况决定。

（2）生物处理设施

定期抽排厌氧池、缺氧池等底部沉积污泥，还要定期更换填料，合理回流沉淀池污泥至生化池，维持生化池内污泥浓度在合适的水平。合理设置好氧池曝气量和曝气时间。

（3）生态处理设施

生态处理设施主要包括人工湿地、土地处理、稳定塘等，人工湿地和土地处理系统需根据植物生长情况对其进行收割，并定期疏通淤泥。稳定塘需保护塘内生物的生长，定期清理淤泥和植物残体。

（4）机电设备

合理设置电气设备的工作时间，保证风机、水泵等机电设备的最低休息时间，定期进行维护保养。

6.3.3 长效运行机制

首先，污水处理设施投入使用后必须有明确的运行管理责任主体，设置专职人员负责污水处理设施的运行、维护和管理；其次，需保障污水处理设施的运行管理经费，包括人员工资、设备维修、运行成本等；最后，项目设计单位或第三方专业机构需为污水处理设施提供技术指导，保障其长期有效的运行。

第 7 章　污水处理工程实例

7.1　四川筠连县蒿坝镇高桥村农村污水处理工程

7.1.1　项目概况

项目位于筠连县蒿坝镇高桥村，该村居民共约 320 户，分布较为分散。项目建设和安装了三格式化粪池、调节池、一体化污水处理设备对 225 户农民的生活污水进行处理，拟安装 2 m^3 三格式化粪池 225 个、使用 110 mm PVC 管道及其配件（约 4 500 m）对 225 户村民进行厨房、厕所污水进行收集，选择 75 mm PE 管道及其配件（约 5 859 m）、50 mm PE 管道及其配件（4 133 m）；设置 10 m^3 调节池 20 个、50 m^3 调节池 1 个，2 m^3/d A^2/O 一体化污水处理设备 4 套、5 m^3/d A^2/O 一体化污水处理设备 9 套、20 m^3/d A^2/O 一体化污水处理设备 1 套，对收集的污水进行处理，实现达标排放或用于农田灌溉。

7.1.2　污水收集与处理工艺

由于该村居民分布分散，本项目主要针对相对集中的农户，使用三级收集处理方法。

一级收集处理：使用110PVC管收集每户村民厕所、厨房、洗涤和养殖粪污，进入2 m^3一体化模压三格式化粪池，对粪污进行无害化处理和水解酸化，村民可从三格式化粪池取肥水施肥，施肥后富余的污水进入二级处理。水解酸化后的粪污没有固态物质，可使用小口径PE管绕沟边、路沿等收集，管道不地埋。

二级收集处理：采用10～20 m^3玻璃钢化粪池收集贮存多个农户一级处理后的污水，同时解决农村节假日、办红白喜事等某个时间点突然增加的污水。二级处理池也是一体化污水处理设备的调节池和预处理缺氧池，还可作为山地的农田灌溉池（山平塘）。

三级收集处理：使用一体化污水处理设备对收集的污水作最终的处理，达到DB51/2626—2019三级排放标准。

7.1.3 设计进水水质、出水标准、工艺配置参数

（1）设计进水水质

农户生活生产污水收集后，通过一、二级收集处理后，各种污染物达到充分的水解酸化，通过邻近的兴文县永寿村示范工程，再进入一体化污水处理设备前端的调节池中，其设计进水水质如表7-1所示。

表7-1 筠连县蒿坝镇高桥村生活污水处理设计进水水质

污染物	SS	COD	BOD_5	TN	TP
最高值	166.5	884.9	474	94.98	2.64
最低值	112.9	227	98	76.5	2.54

（2）处理工艺

高桥村农村生活污水处理均需满足DB 51/2626—2019三级排放标准，根据2 m^3/d的微型污水处理设备使用A/O工艺（净化槽）、5～20 m^3/d的小型污水处理设备使用A^2/O工艺，该两种设备主要技术参数如表7-2～表7-5所示。

表 7-2　2 m^3/d A/O 工艺净化槽配置参数

序号	名　　称	规　　格	数量	备　　注
进水系统				
1	液位控制系统	FK 型浮球	1 套	
		静压液位计	1 套	
2	污水提升泵	40WQ4-5-0.1	1 台	
3	厌氧调节池	Ǿ1.5*2.8 m（5 m^3）	1 个	三格式玻璃钢
一体化污水处理设备主体				
4	净化槽	内部包括三个舱：厌氧/曝气/沉淀，成套气动回流系统，回流比 150%～300%可调	1 套	凌志 PP 注塑一体模压成型
曝气系统				
5	电磁式曝气机及管道	48W 电磁式鼓风机	1 台	森森集团股份有限公司
6	生物挂膜填料	Ǿ110 mm*1 200 柱型	1 个	凌志环保股份有限公司
		Ǿ60 mm 球型	30 个	凌志环保股份有限公司
		Ǿ15 mm*50 柱型	50 个	凌志环保股份有限公司
控制系统				
7	电气控制系统	PLC 编程控制	1 套	京宾集团
配件				
8	管道阀门	标配	1 套	
9	电线电缆	标配	1 套	
10	安装材料	标配	1 套	

表 7-3　5 m^3/d A^2/O 工艺污水处理设备配置参数

序号	名　　称	规　　格	数量	备　　注
进水系统				
1	液位控制系统	FK 型浮球	1 套	
		静压液位计	1 套	
2	污水提升泵	40WQ4-5-0.1	1 台	
3	厌氧调节池	Ǿ1.5*2.8 m（10 m^3）	1 个	三格式玻璃钢

<table>
<tr><th>序号</th><th>名　　称</th><th colspan="2">规　格</th><th>数量</th><th>备　注</th></tr>
<tr><td colspan="6">一体化污水处理设备主体</td></tr>
<tr><td rowspan="2">4</td><td rowspan="4">生化系统主体</td><td>曝气池</td><td>Ø1.2*1.6 m</td><td>1 座</td><td rowspan="2">内、外同心桶，玻璃钢主体，12 个螺旋斜面沉泥隔板，上下锥体</td></tr>
<tr><td>缺氧沉淀池</td><td>Ø1.7*1.8 m</td><td>1 座</td></tr>
<tr><td rowspan="2">5</td><td>搅拌电机</td><td>90W</td><td>1 个</td><td>减速电机</td></tr>
<tr><td colspan="3">搅拌轴、轴承及叶片</td><td>上下轴承 2 组 3 片</td></tr>
<tr><td colspan="6">曝气系统</td></tr>
<tr><td>6</td><td>电磁式曝气机及管道</td><td colspan="2">23W 电磁式鼓风机</td><td>1 台</td><td>森森集团股份有限公司</td></tr>
<tr><td>7</td><td>曝气盘</td><td colspan="2">25 cm 微孔曝气盘</td><td>3 个</td><td>全一合</td></tr>
<tr><td colspan="6">污泥回流</td></tr>
<tr><td>8</td><td>内回流</td><td colspan="2">40%～75%可调</td><td colspan="2">搅拌内桶污泥上升回流</td></tr>
<tr><td>9</td><td>外回流</td><td colspan="2">100%</td><td colspan="2">外桶沉淀锥体重力回流</td></tr>
<tr><td colspan="6">控制系统</td></tr>
<tr><td>10</td><td>电气控制系统</td><td colspan="2">PLC 编程控制</td><td>1 套</td><td>京宾集团</td></tr>
<tr><td colspan="6">配件</td></tr>
<tr><td>11</td><td>管道阀门</td><td colspan="2">标配</td><td>1 套</td><td></td></tr>
<tr><td>12</td><td>电线电缆</td><td colspan="2">标配</td><td>1 套</td><td></td></tr>
<tr><td>13</td><td>安装材料</td><td colspan="2">标配</td><td>1 套</td><td></td></tr>
</table>

表 7-4　10 m^3/d A^2/O 工艺污水处理设备配置参数

<table>
<tr><th>序号</th><th>名　　称</th><th colspan="2">规　格</th><th>数量</th><th>备　注</th></tr>
<tr><td colspan="6">进水系统</td></tr>
<tr><td rowspan="2">1</td><td rowspan="2">液位控制系统</td><td colspan="2">FK 型浮球</td><td>1 套</td><td></td></tr>
<tr><td colspan="2">静压液位计</td><td>1 套</td><td></td></tr>
<tr><td>2</td><td>污水提升泵</td><td colspan="2">40WQ4-5-0.1</td><td>1 台</td><td></td></tr>
<tr><td>3</td><td>厌氧调节池</td><td colspan="2">Ø2.5*3.2 m（20 m^3）</td><td>1 个</td><td>三格式玻璃钢</td></tr>
<tr><td colspan="6">一体化污水处理设备主体</td></tr>
<tr><td rowspan="2">4</td><td rowspan="4">生化系统主体</td><td>曝气池</td><td>Ø1.5*2.0 m</td><td>1 座</td><td rowspan="2">内、外同心桶、玻璃钢主体，12 个螺旋斜面沉泥隔板，上下锥体</td></tr>
<tr><td>缺氧沉淀池</td><td>Ø1.9*2.5 m</td><td>1 座</td></tr>
<tr><td rowspan="2">5</td><td>搅拌电机</td><td>90W</td><td>1 个</td><td>减速电机</td></tr>
<tr><td colspan="3">搅拌轴、轴承及叶片</td><td>上下轴承 2 组 3 片</td></tr>
</table>

<table>
<tr><th>序号</th><th>名　　称</th><th>规　　格</th><th>数量</th><th>备　　注</th></tr>
<tr><td colspan="5">曝气系统</td></tr>
<tr><td>6</td><td>电磁式曝气机及管道</td><td>23W 电磁式鼓风机</td><td>1 台</td><td>森森集团股份有限公司</td></tr>
<tr><td>7</td><td>曝气盘</td><td>25 cm 微孔曝气盘</td><td>4 个</td><td>全一合</td></tr>
<tr><td colspan="5">污泥回流</td></tr>
<tr><td>8</td><td>内回流</td><td>40～75%可调</td><td colspan="2">搅拌内桶污泥上升回流</td></tr>
<tr><td>9</td><td>外回流</td><td>100%</td><td colspan="2">外桶沉淀锥体重力回流</td></tr>
<tr><td colspan="5">控制系统</td></tr>
<tr><td>10</td><td>电气控制系统</td><td>PLC 编程控制</td><td>1 套</td><td>京宾集团</td></tr>
<tr><td colspan="5">配件</td></tr>
<tr><td>11</td><td>管道阀门</td><td>标配</td><td>1 套</td><td></td></tr>
<tr><td>12</td><td>电线电缆</td><td>标配</td><td>1 套</td><td></td></tr>
<tr><td>13</td><td>安装材料</td><td>标配</td><td>1 套</td><td></td></tr>
</table>

表 7-5　20 m^3/d A^2/O 工艺污水处理设备配置参数

<table>
<tr><th>序号</th><th>名　　称</th><th colspan="2">规　　格</th><th>数量</th><th>备　　注</th></tr>
<tr><td colspan="6">进水系统</td></tr>
<tr><td rowspan="2">1</td><td rowspan="2">液位控制系统</td><td colspan="2">FK 型浮球</td><td>1 套</td><td></td></tr>
<tr><td colspan="2">静压液位计</td><td>1 套</td><td></td></tr>
<tr><td>2</td><td>污水提升泵</td><td colspan="2">40WQ4-5-0.1</td><td>1 台</td><td></td></tr>
<tr><td>3</td><td>厌氧调节池</td><td colspan="2">Ǿ2.5*3.2 m（20 m^3）</td><td>1 个</td><td>三格式玻璃钢</td></tr>
<tr><td colspan="6">一体化污水处理设备主体</td></tr>
<tr><td rowspan="2">4</td><td rowspan="4">生化系统主体</td><td>曝气池</td><td>Ǿ1.9*3.0 m</td><td>1 座</td><td rowspan="2">内、外同心桶，玻璃钢主体，12 个螺旋斜面沉泥隔板，上下锥体</td></tr>
<tr><td>缺氧沉淀池</td><td>Ǿ2.5*3.5 m</td><td>1 座</td></tr>
<tr><td rowspan="2">5</td><td>搅拌电机</td><td>150W</td><td>1 个</td><td>减速电机</td></tr>
<tr><td colspan="3">搅拌轴、轴承及叶片</td><td>上下轴承 2 组 3 片</td></tr>
<tr><td colspan="6">曝气系统</td></tr>
<tr><td>6</td><td>电磁式曝气机及管道</td><td colspan="2">48W 电磁式鼓风机</td><td>1 台</td><td>森森集团股份有限公司</td></tr>
<tr><td>7</td><td>曝气盘</td><td colspan="2">25 cm 微孔曝气盘</td><td>6 个</td><td>江苏全一合环保有限公司</td></tr>
<tr><td colspan="6">污泥回流</td></tr>
<tr><td>8</td><td>内回流</td><td colspan="2">40%～75%可调</td><td colspan="2">搅拌内桶污泥上升回流</td></tr>
<tr><td>9</td><td>外回流</td><td colspan="2">100%</td><td colspan="2">外桶沉淀锥体重力回流</td></tr>
</table>

序号	名　　称	规　格	数量	备　注
控制系统				
10	电气控制系统	PLC 编程控制	1 套	京宾集团
11	管道阀门	标配	1 套	
12	电线电缆	标配	1 套	
13	安装材料	标配	1 套	

（3）排放标准

对于流域内的村庄聚居点、分散户，其生活污水治理后，出水水质要求达到《农村生活污水处理设施水污染物排放标准》（DB 51/2626—2019）所规定的排放标准（四川省地方标准），其具体标准限制见表 7-6。

表 7-6　四川省农村生活污水污染物最高允许排放指标

序号	污染物或项目名称	一级标准	二级标准	三级标准
1	pH（无量纲）	6～9		
2	化学需氧量（COD_{Cr}）	60	80	100
3	悬浮物（SS）	20	30	40
4	氨氮（以 N 计）	8（15）[a]	15	25
5	总氮（以 N 计）	20	-	-
6	总磷（以 P 计）	1.5	3	4
7	动植物油 [b]	3	5	10

注：a 括号外的数值为水温＞12℃的控制指标，括号内的数值为水温≤12℃的控制指标。
b 动植物油指标仅针对含提供餐饮服务的农村旅游项目生活污水的处理设施执行。

污水一、二、三级处理，严格按照《农村生活污水处理设施水污染物排放标准》（DB51/2626—2019）执行，具体标准如表 7-7 所示。

表 7-7　农村污水排放标准与尾水去向

处理分类	排放标准	尾水排放去向
一类治理	不排放	农户施肥资源化利用、土地消纳或进入二类治理，不排放

处理分类	排放标准	尾水排放去向
二类治理	不排放	农户施肥资源化利用、土地消纳或进入三类治理，不排放
三类小型治理	《农村生活污水处理设施水污染物排放标准》（DB 51/2626—2019）三级排放标准	水田、沟渠、小溪
三类中型治理	《农村生活污水处理设施水污染物排放标准》（DB 51/2626—2019）一级排放标准	江、河、湖泊等地表水体

7.1.4　污泥处置

根据《农村生活污水处理工程技术标准》（GB/T 51347—2019）要求，结合各村的实际情况，对一体化污水处理设备产生的污泥采用堆肥方式处置，由专门的维护人员定期抽吸、清理设备中多余的污泥。根据《农用污泥污染物控制标准》（GB 4284—2018）要求，各村污水不包含重金属等有害物质，污泥可先通过污泥干化池自然干化脱水，然后在指定地点进行堆肥发酵，最终施用于农田消纳。

7.2　宜宾市翠屏区胡坝村农村污水治理升级改造工程

7.2.1　项目概况

项目位于宜宾市翠屏区宋家镇胡坝村，该村居民居住较为分散。建设和安装了三格式化粪池、调节池、一体化污水处理设施对部分居民的生活污水进行处理。由于原有一体化污水处理设施运行电费过高，当地村民无法承受，而且该设施对运维技术要求较高，普通兼职人员不能胜任，故该设施现处于闲置瘫痪状态。目前胡坝村的生活污水已经对当地水环境造成了严重的污染。本次升级改造计划拆除原有一体化污水处理设施，使用多个微动力净化槽串联处理。

7.2.2 设计进水水质、出水标准、工艺配置参数

（1）设计进水水质

农户生活生产污水经化粪池处理，再通过污水管网流入一体化污水处理设备前端的调节池中。参考住房和城乡建设部编制的《中南地区农村生活污水处理技术指南（试行）》，本工程农村生活污水设计进水水质如表 7-8：

表 7-8 翠屏区宋家镇农村生活污水处理设计进水水质

主要指标	pH	SS	COD	BOD_5	NH_4^+-N	TN	TP
建议取值范围	6.5～8.5	100～200	100～300	60～150	20～80	40～100	2.0～7.0

（2）处理工艺

该工程污水处理采用微动力二级生化处理模式，工艺流程见图 7-1。胡坝村生活污水首先通过管网自流流入调节池，然后通过提升泵提升至后续多个微型 AO 生化池串联的生化系统，小型微动力 AO 生化池由化粪池改装而成，根据污水处理量和处理程度确定小型微动力 AO 生化池的串联个数，相邻化粪池之间的除了设置污水正常流出入管道，还在化粪池最顶端设置溢流管道，以防止管道堵塞而发生溢流。污水经串联的生化池处理后最终流入沉淀池进行泥水分离，污泥抽排至污泥干化池进行脱水，污泥干化池底设置在调节池正上方，起底板为微孔穿孔板，污泥中的水分一部分自然蒸发至大气中，还有一部分通过底板小孔下渗流入调节池中。

该处理模式的优势非常明显，首先可保证污水正常达标。目前农村生活污水最大的问题就是因为污水量太少，污水设施建成后无法做到全职人员维护，出现故障不能得到及时维护，导致出水超标，而该模式可成功解决这一问题。因为该模式首先由多个小型微动力 AO 生化池串联而成，平时只要有一半的 AO 生化池正常运行，即可保证出水达标；其次，该模式小型微动力 AO 生化池由市场上销

售的两格化粪池成品改装而成，因具备批量生产，价格非常便宜，两格化粪池体积小，可重叠，不仅便于运输，施工安装也非常方便，因此该模式建设成本远低于一般模式；再次，该模式每个化粪池只需要安装一个 30W 左右的曝气风机即可，能耗小，运行成本也非常低；最后该模式设计了特殊的污泥处置措施，可满足定期排泥要求，从而保证了生物除磷效果。

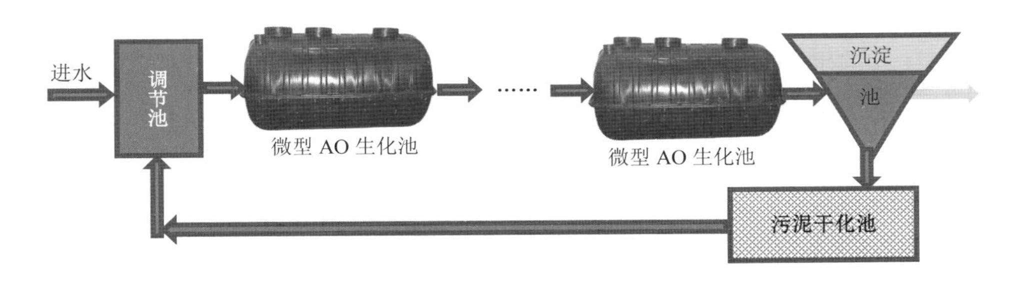

图 7-1　胡坝村生活污水处理工艺流程图

（3）处理效果

该工程建成后，污水装置很少出现故障，出水可长期满足《农村生活污水处理设施水污染物排放标准》（DB 51/2626—2019）一级标准。

7.3　河南某村生活污水处理及资源化利用模式探讨

7.3.1　该村农村生活污水产生状况

该村地形主要为平原或浅丘，为移民新村。由于该村原来所在地涉及国家级饮用水源地建设，目前大部分村民均已搬迁至新村居住，村内居民相对集中。村内居民基本上不存在畜禽养殖，生活污水主要来源于居民的洗浴、餐厨、如厕等生活环节产生的废水，这部分废水目前经处理后排放或用于农田灌溉。因农村居民大部分平时外出务工，节假日期间才回家居住，所以该村生活污水存在一个显著的特点，就是水质、水量波动大，节假日期间污水产生量远大于平常产生量，这也是农村生活污水处理的一个重要难点。

7.3.2 该村污水管网收集现状及问题

该村污水收集管网流向见图 7-2，平均约 4 户居民的生活污水先通过水泥管网流入 1 个共用的化粪池，再与其他化粪池污水汇合，通过水泥管网流入下一个化粪池（全村共 2 个），最后全村所有生活污水通过水泥管网流入该村污水处理站调节池。

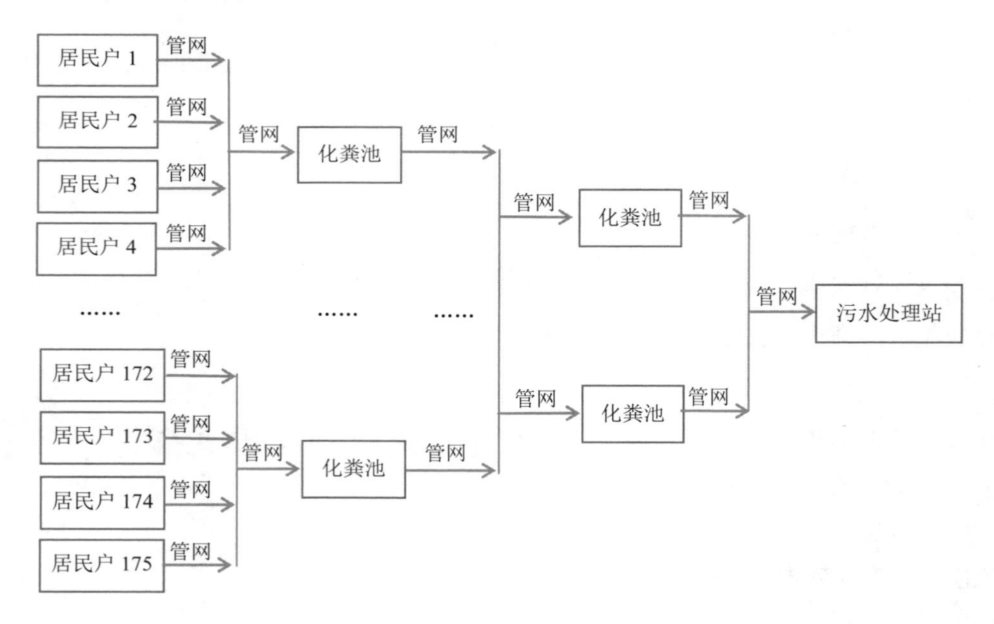

图 7-2 河南省某村农村生活污水预处理及管网收集流向图

该村登记人口 175 户，总人数 750 人，平时大部分村民外出打工，实际常驻人口 100～200 人，节假日期间该村生活污水产生量约 70 m^3，非节假日期间约 15 m^3/d。据该村污水处理设施管理人员介绍，污水管网运行已超过十年之久，已出现渗漏或堵塞，目前非节假日期间平均每天进入污水站处理的污水只有 3～4 m^3/d，远小于实际污水产生量 15 m^3/d，其原因可能由以下四方面造成：一是化粪池和中转池固液分离效果差，大量漂浮物和固体状物质进入管网，导致管网堵塞；二是管网图中缺少检查井，导致管网内气压过高和悬浮物沉积而堵塞，污水无法流入；三是管网破裂，污水渗漏严重；四是管网坡度设计不合理，导致管网内发生污水淤积。

7.3.3 该村污水站现状及问题

该村居民不存在畜禽养殖情况，因此该村农村生活污水水质可参考《中南地区农村生活污水处理技术指南（试行）》中的数据。

由现场考察知，该村生活污水处理站建于 2010 年左右，设计规模为 200 m^3/d，污水站设计处理工艺流程见图 7-3。非节假日期间，污水站实际接纳的污水处理量不超过 4 m^3/d，由于污水处理站进水量太少，且缺少自动化控制设备，兼职运维人员每周到污水站启动运行一次，运行约两小时。目前该污水站人工湿地和清水池均闲置瘫痪，出水不达标。

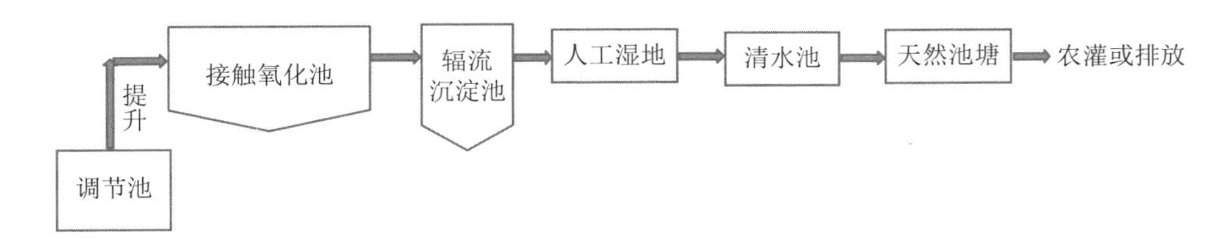

图 7-3 该村现有污水站处理工艺流程

该村污水站建设时农村生活污水处理要求很低，故污水站收集处理设施设计在当时是合理可行的，但是污水站运行至今已 13 年之久，许多设施设备均出现故障，导致处理效果明显下降。此外，自从该村被划入水源区范围之后，对污水治理的要求越来越高，尤其是河南省《农村生活污水处理设施水污染物排放标准》

（DB 41/1820—2019）、《河南省南水北调饮用水水源保护条例》等各种环保标准、文件出台后，水源区内农村生活污水处理设施出水必须满足河南省《农村生活污水处理设施水污染物排放标准》（DB 41/1820—2019）一级标准才可以排放，该村现有污水处理设施和运维已远远不能满足水源区当前的环保管理要求，具体存在的问题主要体现在以下几方面：

（1）无自动化控制，运行不合理

污水站无自动化控制，曝气风机和提升泵等设备没有设置时空开关等自动化控制，污水站所有电气设备完全依靠人工启动关停，兼职人员每周到污水站启动关停曝气风机和提升泵等设备一次，每次只运行约 2 个小时。这种操作方式一方面导致水力停留时间太短，污水中的有机物等污染物还没有被充分降解就已经被排出生化池，其处理效果几乎相当于直接排放；另一方面接触氧化池内曝气风机曝气时间太短，导致好氧生化效果很差。此外，提升泵因没有安装液位控制开关，曾多次导致空转而烧毁。

（2）缺少排泥设施

众所周知，污水生物除磷关键要对生化系统进行合理排泥，而该污水处理站中的调节池、接触氧化池、沉淀池等所有构筑物均没有设置排泥设施，这严重减弱了生物除磷效果，还导致了生化池内的污泥老龄化。

（3）污水站无专人运行维护，设施闲置或瘫痪

清水池和人工湿地等构筑物因缺乏维护导致清水池内水藻疯长，人工湿地已闲置瘫痪，严重影响了当地的环境风貌。

年久失修的人工湿地

（4）污水处理工艺不合理

污水处理工艺的选择没有结合当地实际情况，因地制宜性差。例如，人工湿地除了净化污水，还具有美化景观的功能，需要定期清淤，适合于在温暖的地区使用，而该村所在地冬季温度低且时间长，导致人工湿地的植物枯萎、死亡，严重影响了污水处理效果，且影响了当地景观。

（5）污水处理站设计处理规模不合理

该村登记人口750人，实际常驻人口100～200人，按照人均污水产生量80 L/d计算，即使在节假日人流量高峰期污水产生量也不会超过 60 m^3，非节假日期间只有约12 m^3/d，而该村污水处理站设计规模却高达200 m^3/d，这一方面导致有限的污水不能满足生化池内微生物的营养需求，另一方面导致污水站建设和运行成本均大幅度增加。

（6）设备选型不合理，导致运行电费太高

根据现场考察，该村污水站的提升泵流量和曝气风机的曝气量均远超过实际需求量，导致能源浪费。

（7）其他问题

以上问题是该村污水站目前存在的问题，水源区内其他农村生活污水站也基本上都存在上述问题。除此之外，水源区内农村生活污水处理还存在两个明显问题，一是污水站设计没有考虑水量波动大等不利因素，节假日农村生活污水产生量太大，污水处理设施超负荷运转，而非节假日期间污水产生量太少，导致污水处理设施无法正常运行；二是大部分污水站均存在设备或设施故障问题，例如曝气风机和提升泵损坏。

7.3.4 该村污水站问题成因分析

该村生活污水处理模式是将农村生活污水作为废水处理达标后排放，这种处理理念和方案可以满足当年建设时的环保要求，但现在来看已不适应环保工作新要求。

（1）污水站没有结合水源区农村生活污水生产、排放特点和农村社会发展实际情况来考虑，错误地按照城镇生活污水处理思路进行处理，但是又没有按照城镇生活污水厂的要求来运维。

（2）污水处理理念过于陈旧，现在的环保治理理念已不再局限于末端治理，而是优先考虑从源头减少污染物产生量或资源化利用，最后才是选择末端治理。

综上述，水源区内现有农村生活污水处理存在的问题主要是处理模式选择不合理，而不是处理设计、设施和设备的问题。

7.3.5 水源区内农村生活污水处理模式选择需考虑的因素

农村生活污水处理常用模式有：作为废水处理后达标排放模式、资源化利用模式、土地消纳模式、农田灌溉模式、生产有机肥模式。由于该村地处水源区，还需考虑以下因素。

7.3.5.1　当地环境特征

（1）自然环境

该村所在区域属于季风大陆湿润半湿润气候，冬季时间时间长（约 110～135 天），温度低（–5 至+15℃），气候特点决定该区域生活污水处理不适合采用人工湿地。该地日照时间长，年日照时数 1 897.9～2 120.9 小时，可充分发挥当地太阳能资源优势作为污水处理动力来源。

（2）社会经济

该村主要为平原或浅丘地形，当地经济以农业为主，农用地类型主要为旱地，农作物以小麦和玉米为主，年降雨量偏少，约 703.6～1 173.4 毫米，严重影响了该村农业经济发展。因此，该村生活污水应优先考虑用于农田灌溉，以缓解当地水资源短缺问题。此外，由于水源区村民大多外出打工，水源区内生活污水量变化很大，节假日期间污水量明显大于非节假日期间，这也是选择生活污水处理模式的重要考虑因素。

（3）水源区保护要求

该村位于我国南水北调中线水源区范围内，根据《河南省南水北调饮用水水源保护条例》中的规定，水源一级保护区内禁止建设与水源保护无关的设施，二级保护区内禁止建设排放污染物的项目，因此，水源区内的农村生活污水处理应尽量做到全部资源化利用零排放，在不具备资源化利用条件而必须排放的地区，必须对生活污水采取严处理高标准排放。此外，水源保护区内还设有丹江口水库旅游风景区，对水环境的质量要求也很高。做好水源区内农村生活污水污染治理对保障南水北调中线水源地水质安全和促进丹江口水库旅游风景区旅游业发展均具有重要意义。

7.3.5.2 该村生活污水的特点

（1）水质特性

该村生活污水具有水质浓度低，可生化性好（B/C＞0.5），易微生物降解等特点，属于易处理类型废水。虽然易处理，但若没有处理好就排放也会造成地表水污染，例如会造成水源地水质超标、水体富营养化、藻类疯长等污染事故。

（2）肥力特性

该村生活污水中几乎不含重金属、持久性污染物等对环境和农产品有毒有害物质，而且有机物、N、P 等物质均为土壤和农作物所需要的营养，这就具备了资源化利用的前置条件。而且相对于化肥，农村生活污水作为农家肥使用，不仅具有成本低、肥效长、营养全面等优势，还可以起到改良土壤、提高土壤团粒结构、防止土壤板结等作用。

7.3.6 该村农村生活污水收集管网改造推荐方案

（1）增设灰水资源化利用设施

通过现场调查了解到，该村基本上每户均购置有淋浴器和洗衣机，因此居民洗浴、洗衣、洗菜等环节产生的灰水量占总污水量比例较高，可采取黑水和灰水分开收集，并对灰水再次利用的措施，如灰水可用于冲厕所，居民区绿化、洒水防尘等。具体改造方案见图 7-4，该措施可减少污水产生量 40%，进而减少后续污水站的建设成本和运行成本。

（2）增设检查井，修复破损管网

如前所述，该村污水管网建设已超过十年之久，非节假日期间平均进入污水站处理的污水只有 3～4 m^3/d，远小于实际污水产生量 15 m^3/d，说明污水管网已出现渗漏或者堵塞问题，故需增设检查井、修复破损管网。

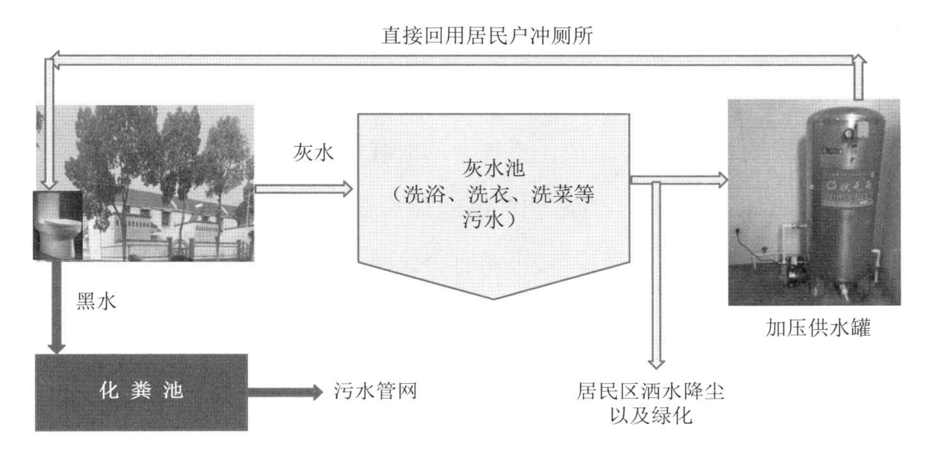

图 7-4　灰水资源化利用

7.3.8　该村污水站升级改造方案

该村生活污水经前述灰水资源化利用之后，最终通过管网流入污水站调节池时，废水量明显减少，只有约 6 m^3/d，且污水的可生化性已得到明显提高，本小节根据进入污水站时的水质浓度以及污水站现状，推荐了以下三种改造方案，供该村选择参考。

（1）方案一：大棚栽培消纳模式

改造内容：①将原生物接触氧化池内的生物膜支架和曝气设备调整安装在调节池内，最终将调节池改为调节池和生物接触氧化池共用一体池；②在调节—接触氧化池内增设液位开关以控制提升泵，保证调节—接触氧化池内的污水量控制在一定范围内，防止提升泵烧毁；③将原来生物接触氧化池和沉淀池改造为储水池；④将原来占地面积大的清水池和人工湿地改造成蔬菜栽培温室大棚；⑤改进提升泵出水阀门以控制流量，确保接触氧化池缓慢排水；⑥设自动化控制柜和 APP 远程控制，确保提升泵、曝气风机、光照灯、保温加热器等设备工作时间合理，同时便于远程观察控制所有电器设备，在一定程度上可保证所有设施在无人值守时也可正常运行。

方案可行性：①该村所有生活污水可由改造后的蔬菜大棚全部消纳，全部资源化利用，实现零污染、零排放，更符合新时代生态文明和乡村振兴理念；②改造方案前期建设成本偏高，但后期经济效益可观，从而保证了污水站专人维护经费的来源，设施设备出现故障时可及时得到维护，确保污水站长期稳定运行；③本模式吸收大量 CO_2，释放大量 O_2，碳中和性能好。

大棚栽培消纳模式见图 7-5。

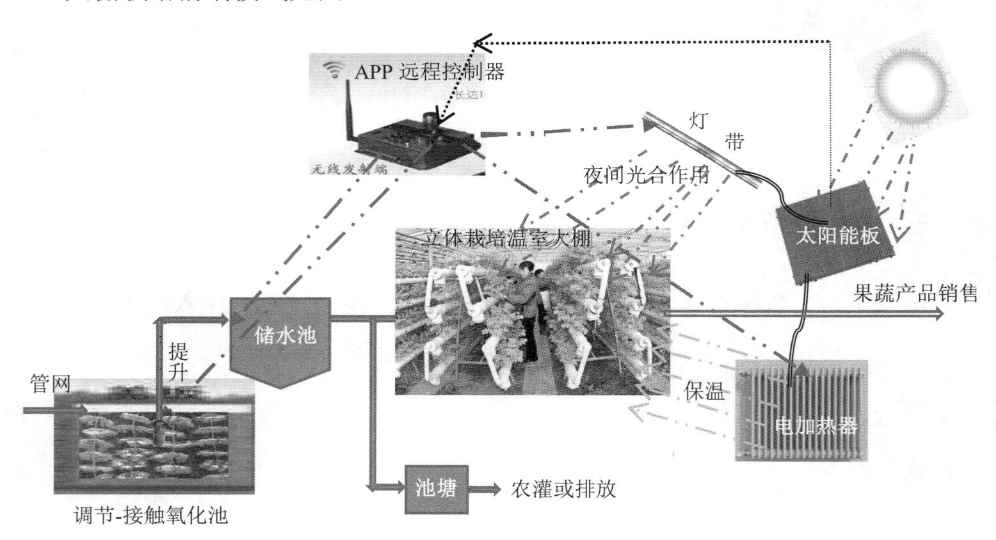

图 7-5　大棚栽培消纳模式

（2）方案二：景观——灌溉模式

改造内容：①在原调节池内增设生物膜填料，并增设接触氧化池出水管至调节池进水管之间的回流管，最终将调节池改为调节池和缺氧池共用一体池，该措施可增强污水站生物脱氮效果；②在调节—接触氧化池内增设液位开关以控制提升泵，保证池内的污水量控制在一定范围内，防止提升泵烧毁；③将原来生物接触氧化池和沉淀池改造为储水池；④将原来占地面积大的人工湿地改造成常绿灌木林，并采取 PE 管网自流灌溉的方式定期浇灌，该措施既可以美化景观，又可以消纳沉淀池所排出的污泥，经测算，可消纳 2.5 m^3/d 的污泥；⑤增设自动化控制排泥设施，定期将沉淀池污泥斗内的泥水混合物抽排至常绿灌木林内不同点位消纳，此措施的目的是提高生化系统的生物除磷效果，同时防止各生化池内污泥老龄化；⑥将原来容积较大的清水池改建成荷花池种植莲藕，并养殖观赏鱼，在池内设置纳米增氧管对池内水体充氧，该措施不仅可改善荷花池内的水质，还可防止池内观赏鱼因缺氧而死亡；⑦改装曝气风机空气输送管路，因现有曝气风机风量远大于接触氧化池的实际需求量，因此荷花池内充氧所需空气可由现有曝气风机空气输送管网改进后提供，无需新购置增氧风机；⑧增设由荷花池通往周边农田的灌溉管网（PE 材质），并在管网合适点位设置灌溉开关阀门，对不同地块的农田实施轮流灌溉；⑨改进提升泵出水阀门以控制流量，确保接触氧化池内缓慢排水；⑩增设自动化控制柜和 APP 远程控制，确保提升泵、曝气风机等设备工作时间合理，同时便于远程观察控制所有电器设备，在一定程度上可保证所有设施在无人值守时也可正常运行。

方案可行性：①采用前端灰水再次利用措施后，该村生活污水产生量只有 6 m^3/d，所有污水可全部资源化利用，实现零污染、零排放，既美化了该村景观风貌，更符合新时代生态文明和乡村振兴理念；②该方案改造内容较多，但总的改造成本较低，运行期维护简单方便；③本模式吸收大量 CO_2，释放大量 O_2，碳中和性能较好。

景观—灌溉模式见图 7-6。

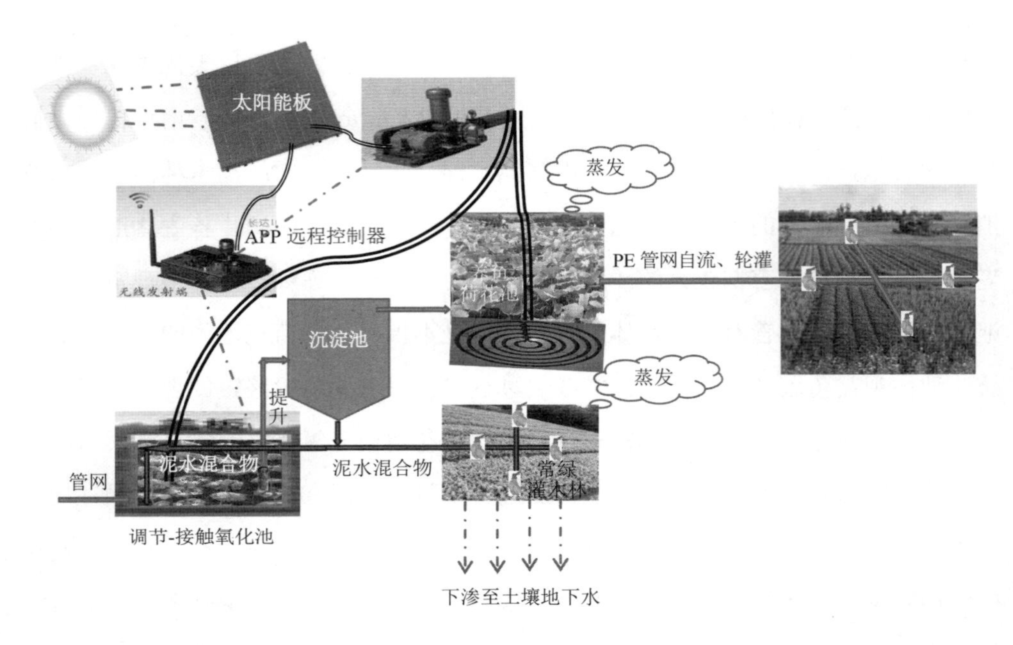

图 7-6　景观—灌溉模式（m^3/d）

（3）方案三：景观——排放模式

改造内容：①在原调节池内增设生物膜填料，在接触氧化池出水管至调节池进水管之间增设回流管，最终将调节池改为调节池和缺氧池共用一体池，该措施可增强污水站生物脱氮效果；②在调节—缺氧池内增设液位开关以控制提升泵，保证池内的污水量控制在一定范围内，防止提升泵烧毁；③将原来占地面积大的人工湿地改造成常绿灌木林，既可以起到美化景观，还可用于消纳沉淀池所排出的污泥；④增设自动化控制排泥设施，定期将沉淀池污泥斗内的泥水混合物抽排至常绿灌木林内不同点位消纳，此措施可提高生化系统的生物除磷效果，同时可防止各生化池内污泥老龄化；⑤将原来容积较大的清水池改建成荷花池种植莲藕，并养殖观赏鱼，在池内设置纳米增氧管对池内水体充氧，该措施不仅可改善荷花池内的水质，还可防止池内观赏鱼因缺氧而死亡。因现有曝气风机风量远大于接触氧化池实际需求量，因此荷花池内充氧所需空气可通过改造现有曝气风机空气输送管网改进后提供，无需新购置增氧风机；⑥将原来的池塘改建为荷花塘，并协同进行水产养殖，提高该模式的经济效益；⑦每年对两个荷花池（塘）定期清淤一次，同时收割莲藕和水产养殖产品；⑧改进提升泵出水阀门以控制流量，使接触氧化池内的污水缓慢排放，确保污水在触氧化池内的停留时间；⑨增设自动化控制柜和 APP 远程控制，以控制并确保提升泵、曝气风机等设备工作时间合理，同时便于远程观察控制所有电器设备，在一定程度上可保证所有设施在无人值守时也可正常运行。

方案可行性：①所有污水可全部资源化利用，实现零污染、零排放，既美化了该村景观风貌，更符合新时代生态文明和乡村振兴理念；②该方案改造内容较多，但总的改造成本较低，运行期维护稍微复杂，建议找第三方公司运维；③每年需对荷花池清淤，同时收割莲藕，收获水产，有一定的经济效益。

景观—排放模式见图 7-7。

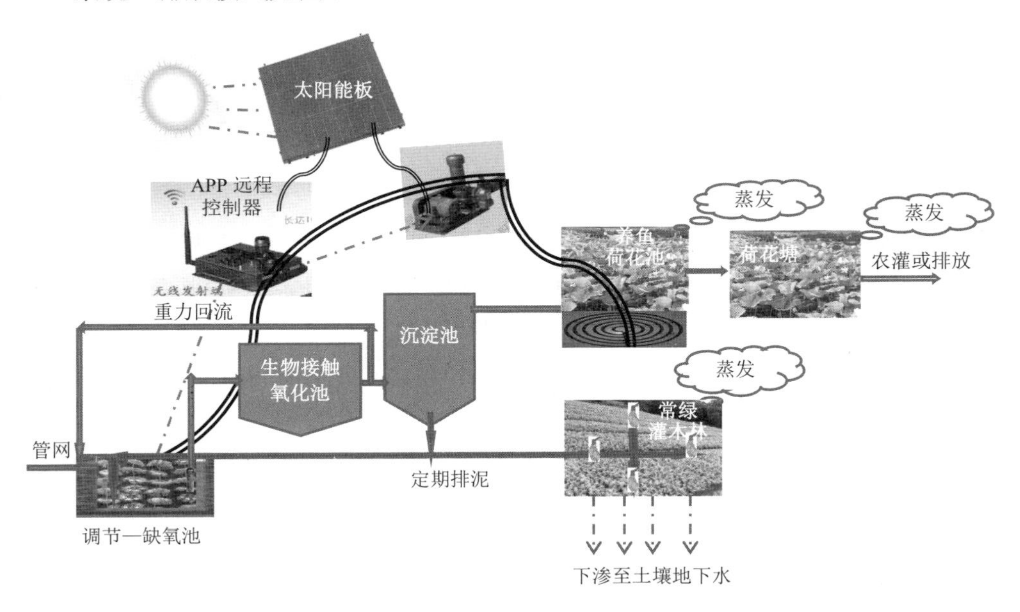

图 7-7　景观—排放模式

参考文献

鲍任兵，高廷杨，宫玲，等，2021．污水生物脱氮除磷工艺优化技术综述[J]．净水技术，40（9）：14-20.

北极星环保设备网．2020．2019年中国污水处理厂数量、产能及各省污水处理厂发展现状[EB/OL]. http://hbshebei.bjx.com.cn/news/522228.html.

曹锋锋，2021．曝气生物滤池对农村生活污水脱氮效能评价及机理分析[D]．西安：西安科技大学.

曹广胜，佟乐，胡仪，等，2009．基于污水悬浮颗粒 Zeta 电位的絮凝剂用量优化[J]．大庆石油学院学报，33（1）：17-20.

常青，2003．水处理絮凝学[M]．北京：化工出版社.

常越亚，2018．农村生活污水处理生物生态组合技术优选及应用示范[D]．上海：华东师范大学.

车万锐，张帆，2016．污水生物脱氮除磷技术发展研究[J]．中国高新技术企业，（17）：75-76.

陈其楠，2018．英国污泥处理处置方式及对我国的启示[J]．中国市政工程，1：33-35.

陈伟，2016．铁钛混凝剂的制备及在除藻和控制藻源膜污染中的应用研究[D]．重庆：重庆大学.

陈晓华，2006．河流污水土地处理试验研究[D]．南京：河海大学.

丛俏，丛孚奇，曲蛟，等，2008．固定化生物活性炭纤维处理餐饮废水的研究[J]．环境科学与技术，（6）：125-126，153.

戴宝成，王拴俊，2013．顶水压式沼气池技术创新集成研究应用[J]．农业工程技术（新能源产业），（2）：23-25.

戴立人，满江滨，杨明荣，1998．稳定塘建设与城镇总体规划[J]．北方环境，66（2）：22-24.

戴晓虎．.2011．我国城市污泥处理处置现状及机遇[J]．水大会，19（3）：1-5.

戴晓虎．2021．我国污泥处理处置现状及发展趋势[J/OL]．北极星水处理网．https://huanbao.bjx.com.cn/news/20210202/1133914.shtml.

邓睿，金仁村，张正哲，等，2017．低温厌氧消化技术在废水处理中的应用[J]．环境科学与技术，40（4）：7.

董树杰，2016．新形势下城镇污水处理厂在生物脱氮除磷中的工艺分析[J]．建筑工程技术与设计，（1）.

杜丽飞，陈礼，任慧波，等，2019．废水生物脱氮除磷工艺研究进展[J]．湖南畜牧兽医，209（1）：7-9.

杜梦楠，2017．振动格栅反应器处理污水的效果研究[D]．重庆：重庆大学.

杜姗，2019．污水治理技术在市政环境工程的应用[J]．资源节约与环保，（6）：115.

段改庄，王璐璐，2018．城市污水处理在环境工程中的重要性和优化建议 [J]．中小企业管理与科技，（15）：146-147.

段田莉，2016．人工湿地+生态塘耦合深度处理污水厂尾水[D]．青岛：青岛理工大学.

范江平，许少广，佘琼虹，等，2018．两种城镇生活污水处理工艺对比研究[J]．当代化工研究，（7）：8-9.

范勇，2018．城镇污水厂污泥处理处置现状分析及其工程方案论证[J]．净水技术，37（5）：93-96.

范钰，2017．人工湿地污水处理技术的应用研究[D]．上海：上海师范大学.

方道斌，郭睿威，哈润华，等，2006．丙烯酰胺聚合物 [M]．北京：化学工业出版社.

付丰连，2010．物理化学法处理重金属废水的研究进展[J]．广东化工，37（4）：115-117.

高蒙，2019．膜分离法污水处理技术研究[J]．化工管理，（1）：91.

高廷成，官文，2010．水污染控制工程[M]．北京：化学工业出版社.

高廷耀，顾国伟，周琪，等，2014．水污染控制工程（第四版）[M]．北京：高等教育出版社.

关庆庆，2014．阳离子聚丙烯酰胺序列结构对污泥调理性能影响研究[D]．重庆：重庆大学.

郭燕妮，方增坤，胡杰华，等，2011．化学沉淀法处理含重金属废水的研究进展[J]．工业水处理，31（12）：9-13.

韩雪，2019．冶金行业废水处理资源化利用技术分析[J]．节能与环保，（1）：58-59.

何磊，王志伟，吴志超，2011．餐饮废水 MBR 处理过程中 DOM 的三维荧光光谱分析[J]．中国环境科学，31（2）：225-232.

胡成琼，汪思宇，吕锡武，2021．折流板水车驱动生物转盘水力流态及启动挂膜试验[J]．净水技术，40（10）：43-48，93.

胡瑞，周华，李田霞，等，2006．复合引发体系制备阳离子聚丙烯酰胺及其应用[J]．工业用水与废水，37（1）：73-75.

黄丹丹，2019．MSBR 技术及其应用[J]．环境与发展，31（11）：58-61.

黄七梅，2020．SBR 工艺处理生活污水运行特性研究[D]．海口：海南大学.

黄振，舒鑫，冉千平，等，2013．阳离子聚丙烯酰胺水分散液的制备及表征[J]．高分子学报，（8）：1013-1019.

黄子洪，2021．分段进水 SBR 工艺强化脱氮实验研究[D]．南京：南京信息工程大学.

惠泉，刘福胜，于世涛，等，2008．阳离子聚丙烯酰胺反相胶乳的制备及其絮凝性能[J]．化工进展，27（6）：887-891.

籍国东，1998．我国污水资源化的现状分析与对策探讨[J]．环境科学进展，7（5）：10-13.

金玉粉，杨华，2019．污水处理的现状及发展方向分析[J]．化工管理，（18）：68-69.

赖竹林，于振江，周雪飞，等，2020．我国农村化粪池技术发展现状及趋势[J]．安徽农业科学，48（19）：69-72.

黎莎，2017．UCT 工艺的原理及应用[D]．南京：东南大学土木工程学院.

李素莲，刘伟，2015．反相微乳液制备无单体残留阳离子聚丙烯酰胺[J]．信阳师范学院学报（自然科学版），（3）：389-392.

李宛卿，2022．2021 年中国污水处理行业市场现状及发展前景分析．前瞻产业研究院[EB/OL]. https://stock.stockstar.com/IG2021091600009526.shtml.

李彦平，2011．运城城市污水处理现状及回用对策[J]．能源与节能，（4）：46-48.

李燕，赵红梅，吕艳菲，2016．浅谈物理化学处理在污水处理过程中的应用[J]．能源与环境，（3）：74-75.

李智，2012．农村生活污水土地渗透处理技术的引进[D]．天津：天津大学.

梁绮彤，郑泽嘉，范熔丹，等，2021．生活污水脱氮除磷技术的研究现状[J]．广州化工，49（10）：30-33.

梁绮彤，郑泽嘉，范熔丹，等，2021．生活污水脱氮除磷技术的研究现状[J]．广州化工，49（10）：30-33.

廖征军，2012．我国水污染形势分析与对策建议[J]．四川职业技术学院学报，（1）：25-28.

刘锋，2021．油田污水处理技术现状及发展分析[J]．全面腐蚀控制，35（10）：68-69.

刘广珍，2020．探讨环境工程工业污水治理中常见问题[J]．河北农机，（10）：30.

刘鸿志，2000．国外城市污水处理厂的建设及运行管理[J]．世界环境，（1）：33.

刘立，2013．污水处理厂旋流沉砂池技术改造及处理效果研究[D]．重庆：重庆大学.

刘立华，许中坚，龚竹青，2007．二乙基二烯丙基氯化铵与丙烯酰胺、丙烯酸共聚竞聚率[J]．应用化学，24（2）：196-199.

刘立新，崔丽艳，赵晓非，等，2011．超支化聚酰胺胺（PAMAM）的阳离子改性及絮凝性能[J]．化工科技，19（1）：1-4.

刘娜，2009．污水生态处理技术研究[D]．西安：西安建筑科技大学.

刘睿，周启星，张兰英，等，2005．水处理絮凝剂研究与应用进展[J]．应用生态学报，16（8）：1558-1562.

刘尚铭，2020．国内外污泥处理处置技术现状探讨[J]．中国设备工程，209（2）：208-209.

刘兴平，郝晓美，2003．城市污水处理工艺及其发展[J]．水资源保护，（1）：25-27.

刘雪婧，冯玉军，苏鑫，等，2009．可逆加成—断裂链转移自由基聚合在制备水溶性聚合物中的应用[J]．高分子通报，（2）：64-70.

刘洋，李雪，鲍莉，2015．浅析污泥处理的三种方式[J]．资源与环境，9（21）：161-162.

刘永丽．2010．美国污泥处理和资源化利用的现状和展望．中国水网[EB/OL]. https://www.h2o-china.com/news/90789.html.

刘玉辉，2004．半人工湿地净化城市污水效应及其机理研究[D]．长春：东北师范大学.

刘云兴，罗海斌，2013．中国城市污水厂污泥处理技术的现状及发展研究[J]．环境科学与管理，38（7）：94-95.

刘志远，李昱辰，王鹤立，等，2011．复合絮凝剂的研究进展及应用[J]．工业水处理，31（5）：5-8.

龙腾锐，何强，2015．排水工程[M]．北京：中国建筑出版社.

龙源，2019．生物膜法在城市污水处理中的研究[J]．中国资源综合利用，37（4）：41-43.

卢红霞，刘福胜，于世涛，等，2007．阳离子聚丙烯酰胺絮凝剂的制备及其絮凝性能[J]．化工环保，27（4）：374-378.

卢红霞，刘福胜，于世涛，等，2008．阳离子聚丙烯酰胺的制备及其絮凝性能[J]．应用化学，25（1）：101-105.

卢红霞，刘福胜，于世涛，等，2008．阳离子聚丙烯酰胺制备条件研究[J]．化学工程，36（3）：72-75.

鲁青璐，2016．城市污水处理厂脱氮除磷工艺的发展研究[J]．资源节约与环保，（4）.

罗亚军，2011．污水处理的技术工艺原理与特点[J]．技术与市场，18（8）：226，228.

吕慧瑜，2017．农村生活污水生态处理技术的生命周期评价研究[D]．北京：北京化工大学.

马安博，2018．吸附法在污水处理中的应用及研究[J]．合成材料老化与应用，47（2）：119-123.

马江雅，2016．紫外光聚合阴离子聚丙烯酰胺及其对水中特征有机物的去除研究[D]．重庆：重庆大学.

马磊，王德汉，曾彩明，2007．餐厨垃圾的干式厌氧消化处理技术初探[J]．中国沼气，（1）：27-30.

Mogens Henze，2011．污水生物处理：原理、设计与模拟[M]．施汉昌，译．北京：中国建筑工业出版社.

马智明，2018．生物脱氮除磷理论与技术进展[J]．化工管理，（21）：179-180.

蒙小俊，王秋利，龚晓松，2020．城镇污水生物脱氮除磷工艺存在问题的调控措施[J]．工业水处理，40（8）：17-22.

聂宗利，武玉民，刘娟，等，2012．壳聚糖/阳离子聚丙烯酰胺水分散聚合物的制备[J]．高分子材料科学与工程，（7）：112-115.

彭杰，黄天寅，曹强，等，2015．一体化 SBR 农村生活污水处理设施设计[J]．水处理技术，41（1）：132-134.

彭巾英，伍洋，2020．环境工程中城市污水处理技术的应用分析[J]．居舍，（7）：56.

彭永臻，马勇，王淑莹．前置反硝化工艺处理生活污水短程生物脱氮控制装置：CN，CN2885848Y[P].

彭永臻，阮蓉蓉，彭轶，2020．梯度递减曝气实现一体化部分短程硝化，厌氧氨氧化耦合反硝化工艺（SPNAD）的稳定运行[J]．北京工业大学学报，46（6）：540-545.

祁晓娟，2020．污水处理工艺的应用分析[J]．决策探索（中），（3）：92-93.

乔茜茜，2019．生物膜法污水处理工艺改进研究[D]．沈阳：辽宁大学.

任勇，2019．活性污泥法在污水处理中常见的问题探讨[J]．建材与装饰，（15）：286-287.

尚宏周，胡金山，杨立霞，2010．P(AM-DADMAC)的反相乳液聚合及其表征[J]．上海化工，35（3）：11-14.

邵煜，2015．污水处理工艺中脱氮除磷技术的应用[J]．科技风，（6）：113.

沈万峰，2017．有机废水的好氧生物处理技术进展研究[J]．城市道桥与防洪，（9）：105-106.

沈懿静，2018．污水重金属去除研究进展[J]．科学技术创新，（12）：20-22.

水落元之，2015．日本生活污水污泥处理处置的现状及特征分析[J]．给水排水，（11）：210.

宋力，2010．絮凝剂在水处理中的应用与展望[J]．工业水处理，30（6）：4-7.
孙立明，邓舟，夏洲，等，2010．城市污水厂污泥处理处置现状分析及处理系统设计[J]．环境卫生工程，18（4）：46-48.
孙永军，2014．紫外光引发聚合 P(AM-DAC-BA)及其污泥脱水研究[D]．重庆：重庆大学.
孙永军，梁建军，郑怀礼，等，2014．紫外光引发阳离子聚丙烯酰胺的红外光谱研究[J]．光谱学与光谱分析，34：1234-1239.
覃法，2016．污水处理厂生物脱氮除磷工艺选择[J]．资源节约与环保，12：205.
谭克林，吴喜勇，2017．城市污水厂污泥处理及处置现状分析[J]．广东化工，44（13）：186-189.
唐建国，2012．日本下水污泥处理处置情况介绍[J]．给水排水，38（11）：47-50.
唐建国，林洁梅，2011．对城镇污水处理厂污泥处理处置技术路线选择的思考[J]．给水排水，37（9）：54-55.
唐占一，2015．污水土地好氧生物过滤系统处理市政污水的中试试验研究[D]．青岛：青岛理工大学.
涂兴宇，2014．市政污泥处理处置技术评价及应用前景分析[D]．上海：上海交通大学.
万莉，2016．规模化养猪场废水（沼液）BCO+SBBR 好氧处理新工艺研究[D]．南昌：南昌大学.
万涛，冯玲，杜仕勇，2005．两性聚丙烯酰胺对印染废水脱色的研究[J]．水处理技术，31（9）：39-41.
王海峰，王增林，张建，2011．国内外油田污水处理技术发展概况[J]．油气田环境保护，21（2）：34-37，62.
王军，宋斐，周广礼，2013．厌氧生物滤池/毛细管联合处理技术的应用研究[C]．第十五届中国科协年会论文集：1-5.
王孟，申迎华，李万捷，2004．阳离子聚丙烯酰胺表征及其阳离子度测定方法[J]．太原理工大学学报，35（4）：495-497.
王麒，2015．我国城市污水处理工艺的发展状况综述[J]．建筑与预算，（9）：38-41.
王莎，2019．城市生活污水处理技术分析及发展趋势探究[J]．当代化工研究，（17）：69-70.
王硕，徐巧，张光生，等，2017．完全混合式曝气系统运行特性及微生物群落结构解析[J]．环境科学，38（2）：665-671.
王效华，张希成，刘涟淮，等，2005．户用沼气池对农村家庭能源消费的影响——以江苏省涟水县为例[J]．太阳能学报，26（3）：419-423.
王延华，2008．生态土壤系统对生活污水的处理能效及氮循环过程研究[D]．上海：上海交通大学.

王宇，孙宝林，2020．石油化工废水厌氧生物处理技术影响因素研究[J]. 当代化工，49（4）：607-610.

王泽洋，2021．国内外污泥处理处置技术研究与应用现状[J]．冶金管理，2：141-142.

王卓，2021．市政污水处理工艺与污水回用利用技术[J]．化工设计通讯，47（1）：178-179.

韦朝海，叶国杰，李泽敏，等，2021．污水好氧生物处理工艺中供气系统的优化与节能分析[J]. 水处理技术，47（4）：1-8，29.

韦慧，2008．复合生态塘治理农村生活污水应用示范研究[D]．昆明：昆明理工大学.

魏春飞，2021．新型污水生物脱氮除磷工艺研究进展[J]．辽宁化工，50（8）：1183-1855.

魏在山，徐晓军，宁平，等，2001．气浮法处理废水的研究及其进展[J]．安全与环境学报，(4)：14-18.

夏恺成，周智超，陈长秋，等，2021．我国农村生活污水厌氧生物处理技术及其应用进展[J]. 山东化工，50（17）：109-110.

夏新兴，黄海，2006．厌氧生物处理技术的影响因素、种类与发展[J]．黑龙江造纸，(4)：20-22.

向心怡，陈小光，戴若彬，等，2016．厌氧膨胀颗粒污泥床反应器的国内研究与应用现状[J]．化工进展，35（1）：18-25.

谢慧娜，赵炜，张莉红，等，2020．推流式曝气池中微生物群落结构演变及其应用[J]．兰州交通大学学报，39（4）：112-118.

徐嵩，2020．强化厌氧-复合介质生态滤床处理农村污水研究[D]．北京：北京建筑大学.

杨晓伟，汪洋，刘秀生，等，2016．含油污水处理技术研究进展[J]．能源化工，37（4）：83-88.

于涛，李钟，曲广淼，等，2009．丙烯酰胺类聚合物合成方法研究进展[J]．高分子通报，(6)：68-74.

袁园，2019．基于灰黑分离分散式农村生活污水生物处理工艺研究[D]．南京：东南大学.

张波，高廷耀，1997．生物脱氮除磷工艺厌氧/缺氧环境倒置效应[J]．中国给水排水，13（3）：7-10.

张光华，来智超，王义伟，2010．CPAM 水分散聚合体系的微观相结构及稳定性[J]．高分子材料科学与工程，(6)：4-7.

张军，王宝贞，聂梅生，2001．MBR 污水处理与回用工艺的经济分析和评价[J]．给水排水，27（6）：9-11.

张玲，2017．农村（社区）集中式生活污水处理技术的实验研究[D]．西安：长安大学.

张鹏，王洪运，秦绪平，2010．疏水改性阳离子聚丙烯酰胺絮凝剂的制备及其絮凝性能[J]．化工环保，（3）：265-269.

张雪，2021. 好氧活性污泥对垃圾渗滤液中 PPCPs 的去除效能及生物转化机制研究[D]. 北京：北京大学.

张印堂，2002. 壳聚糖絮凝剂在活性污泥调理中的应用[J]. 上海环境科学，21（1）：49-66.

张玉玺，吴飞鹏，李妙贞，等，2005. 聚烯丙基氯化铵模板对 AM/AA 共聚物结构的影响[J]. 高分子学报，6：874-878.

张跃峰，贺瑞霞，许瑞霞，2014. 浅谈稳定塘在废水处理中的应用[J]. 广州化工，42（2）：158-160.

张正安，2016. 紫外光引发模板聚合阳离子聚丙烯酰胺及其絮凝应用研究[D]. 重庆：重庆大学.

张正安，廖义涛，郑舒婷，等，2019. 絮凝剂分类及其水处理作用机理研究进展[J]. 宜宾学院学报，12（12）：118-124.

张正安，姚培荣，任根宽，等，2020. 农村生产生活污水处理实用技术指南[M]. 武汉：湖北人民出版社.

张正安，郑怀礼，黄飞，等，2017. 紫外光引发模板聚合阳离子聚丙烯酰胺及其污泥脱水应用[J]. 光谱学与光谱分析，37（8）：2480-2485.

张正安，朱锡中，赖俊，等，2017. 阳离子聚丙烯酰胺（CPAM）制备研究进展[J]. 宜宾学院学报，37（6）：93-98.

张自杰，林荣忱，金儒霖，2000. 排水工程[M]. 北京：中国建筑工业出版社.

赵水钎，戴晓虎，董滨，等，2019. 泥龄影响活性污泥性质及厌氧消化性能的研究进展[J]. 净水技术，38（1）：38-44.

赵思源，刘卫东，2022. 市政污泥的处理处置与资源化利用现状分析[J]. 中国水运，22（4）：64-66.

赵维妍，骆康，王天阳，等，2018. 污水生物脱氮除磷改良技术[J]. 科技创新与应用，（25）：168-169，172.

赵迎迎，2012. 生态节能型农村生活污水处理技术研究[D]. 南昌：南昌大学.

支燚强，王哲，张艳辉，等，2017. 餐饮废水智能化集成处理进展[C]//.Proceedings of 2017 4th PMSS International Conference on Environmental Studies，Health Services and Social Sciences（EHS 2017）. 464-468.

中华人民共和国生态环境部，2022. 2020 年中国生态环境统计年报[R]，8-14.

钟丽媛，2012．升流式厌氧生物滤池与温室型人工湿地组合处理生活污水的研究[D]．济南：山东大学．

周雹，谭振江，2000．中、小型城市污水处理厂的优选工艺[J]．中国给水排水，16（10）：21-23.

周依玫，2018．农村生活污水主要处理工艺除磷效果及强化除磷研究[D]．杭州：浙江大学．

周跃男，王硕，2021．浅析城市污水污泥的特性及处理处置方式[J]．化工石油，50（增刊）：74-78.

朱军平，魏营，周塘沂，2017．水污染的危害及防治[J]．科技视界，4：81，103.

朱艳彬，马放，杨基先，等，2010．絮凝剂复配与复合型絮凝剂研究[J]．哈尔滨工业大学学报，42（8）：1254-1258．

朱友胜，张俊苗，徐建春，等，2021．内外循环厌氧反应器处理高浓度造纸废水工程实践[J]．纸和造纸，40（6）：30-35.

祝超伟，毛金炼，何磊，等，2012．A/O-MBR 处理餐饮废水过程中 DOM 特性解析[J]．环境科学与技术，35（12）：224-229.

Abdel-Aziz H M，Hanafi H A，Abozahra S F，et al.，2010. Preparation of poly（acrylamide-maleic Acid）resin by template polymerization and its use for adsorption of Co（II）and Ni（II）[J]. International Journal of Polymeric Materials，60（1）：89-101.

Abdollahi Z，Frounchi M，Dadbin S，2011. Synthesis，characterization and comparison of PAM，cationic PDMC and P（AM-co-DMC）based on solution polymerization[J]. Journal of Industrial and Engineering Chemistry，17（3）：580-586.

Alalawi S，Saeed NA，1990. Preparation and separation of complexes prepared by template polymerization[J]. Macromolecules，23（20）：4474-4476.

Arinaitwe E，Pawlik M，2013. A role of flocculant chain flexibility in flocculation of fine quartz. Part I. Intrinsic viscosities of polyacrylamide-based flocculants[J]. International Journal of Mineral Processing，124：50-57.

Ballard DGH，Bamford CH，1956. The 'chain effect'：a possible analogue of enzyme action[J]. Nature，177（4506）：477-478.

Bolto B，Gregory J，2007. Organic polyelectrolytes in water treatment[J]. Water Res，41（11）：2301-2324.

Borai EH，Hamed MG，El-kamash AM，et al.，2015. Template polymerization synthesis of hydrogel and silica composite for sorption of some rare earth elements[J]. Colloid Interface Sci，456：

228-240.

BSWA，BYQA，BQY，et al.，2015. Preparation of ceramic filler from reusing sewage sludge and application in biological aerated filter for soy protein secondary wastewater treatment[J]. Journal of Hazardous Materials，283：608-616.

Chen Y，Liu S，Wang G，2007. A kinetic investigation of cationic starch adsorption and flocculation in kaolin suspension[J]. Chemical Engineering Journal，133（1-3）：325-333.

Das R，Ghorai S，Pal S，2013. Flocculation characteristics of polyacrylamide grafted hydroxypropyl methyl cellulose：An efficient biodegradable flocculant[J]. Chemical Engineering Journal，229：144-152.

Elisabete Antunes，Fernando A P Garcia，Paulo Ferreira，et al.，2008. Effect of water cationic content on flocculation，flocs resistance and reflocculation capacity of PCC induced by polyelectrolytes[J]. Industrial & Engineering Chemistry Research，47（16）：6006-6013.

Foladori，Vaccari，Vitali，2015. Energy audit in small wastewater treatment plants：methodology，energy consumption indicators，and lessons learned[J]. Water Science and Technol，72（6）：1007-1015.

Guan Q，Zheng H，Zhai J，et al.，2014. Effect of Template on Structure and Properties of Cationic Polyacrylamide：Characterization and Mechanism[J]. Industrial & Engineering Chemistry Research，53（14）：5624-5635.

Guan Q，Zheng H，Zhai J，et al.，2014. Effect of Template on Structure and Properties of Cationic Polyacrylamide：Characterization and Mechanism[J]. Industrial & Engineering Chemistry Research，53（14）：5624-5635.

Guan Q，Zheng H，Zhai J，et al.，2014. Preparation，characterization，and flocculation performance of P(acrylamide- co -diallyldimethylammonium chloride) by UV-initiated template polymerization[J]. Journal of Applied Polymer Science，132（13）.

He Y，Li G，Yang F，et al.，2007. Precipitation polymerization of acrylamide with quaternary ammonium cationic monomer in potassium carbonate solution initiated by plasma[J]. Journal of Applied Polymer Science，104（6）：4060-4067.

Hempoonsert J，Tansel B，Laha S，2010. Effect of temperature and pH on droplet aggregation and phase separation characteristics of flocs formed in oil–water emulsions after coagulation[J]. Colloids and Surfaces A：Physicochemical and Engineering Aspects，353（1）：37-42.

Hu Y，Jiang X，Ding Y，et al.，2002. Synthesis and characterization of chitosan–poly（acrylic acid）nanoparticles[J]. Biomaterials，23（15）：3193-3201.

Huang P，Zhao X，Ye L，2015. Intercalation behavior and enhanced dewaterability of waste sludge of cationic polyacrylamide/montmorillonite composite synthesized via in situ intercalation polymerization[J]. Composites Part B：Engineering，83：134-141.

Lee KE，Morad N，Poh BT，et al.，2011. Comparative study on the effectiveness of hydrophobically modified cationic polyacrylamide groups in the flocculation of Kaolin[J]. Desalination，270（1-3）：206-213.

Liu A H，Mao S Z，Liu M L，et al.，2006. 1H NMR study on microstructure of a novel acrylamide/methacrylic acid template copolymer in aqueous solution[J]. Colloid and Polymer Science，285（4）：381-388.

Lu L，Pan Z，Hao N，et al.，2014. A novel acrylamide-free flocculant and its application for sludge dewatering[J]. Water Res，57：304-312.

Luo M，Guan Y，Yao S，2013. Optimization of DsbA purification from recombinant escherichia coli broth using box-behnken design methodology[J]. Chinese Journal of Chemical Engineering，21（2）：185-191.

Połowiński S，2002. Template polymerisation and co-polymerisation[J]. Progress in Polymer Science，27（3）：537-577.

Rahul R，Jha U，Sen G，et al.，2014. A novel polymeric flocculant based on polyacrylamide grafted inulin：aqueous microwave assisted synthesis[J]. Carbohydr Polym，99：11-21.

Rasteiro M G，Pinheiro I，Ahmadloo H，et al.，2015. Correlation between flocculation and adsorption of cationic polyacrylamides on precipitated calcium carbonate[J]. Chemical Engineering Research and Design，95：298-306.

Runkana V，Somasundaran P，Kapur PC，2006. A population balance model for flocculation of colloidal suspensions by polymer bridging[J]. Chemical Engineering Science，61（1）：182-191.

Sabah E，Cengiz I，2004. An evaluation procedure for flocculation of coal preparation plant tailings[J]. Water Res，38（6）：1542-1549.

Sukchol K，Thongyai S，Praserthdam P，et al.，2013. Effects of the addition of anionic surfactant during template polymerization of conducting polymers containing pedot with sulfonated poly （imide）and poly（styrene sulfonate）as templates for nano-thin film applications[J]. Synthetic Metals，179：10-17.

Sun Y，Fan W，Zheng H，et al.，2015. Evaluation of dewatering performance and fractal characteristics of alum sludge[J]. PLoS One，10（6）：e0130683.

Sun Y，Zheng H，Tan M，et al.，2014. Synthesis and characterization of composite flocculant PAFS–CPAM for the treatment of textile dye wastewater[J]. Journal of Applied Polymer Science.

Szwarc M，1954. Replica polymerization[J]. Journal of Polymer Science，13（69）：317-318.

Vahedi A，Gorczyca B，2011. Application of fractal dimensions to study the structure of flocs formed in lime softening process[J]. Water Res，45（2）：545-556.

Vahedi A，Gorczyca B，2012. Predicting the settling velocity of flocs formed in water treatment using multiple fractal dimensions[J]. Water Res，46（13）：4188-4194.

Wan NAWM，Wan AWAB，Ali R，et al.，2015. Optimization of extractive desulfurization of Malaysian diesel fuel using response surface methodology/Box–Behnken design[J]. Journal of Industrial & Engineering Chemistry，30：274-280.

Wang J P，Chen Y Z，Yuan S J，et al.，2009. Synthesis and characterization of a novel cationic chitosan-based flocculant with a high water-solubility for pulp mill wastewater treatment[J]. Water Res，43（20）：5267-5275.

Wang Jianping，Chen Yongzhen，Wang Yi，et al.，2011. Optimization of the coagulation-flocculation process for pulp mill wastewater treatment using a combination ofuniform design and response surface methodology [J]. Water Research，45：5633-5640.

Wiśniewska M，Chibowski S，Urban T，2016. Influence of temperature on adsorption mechanism of anionic polyacrylamide in the Al_2O_3 –aqueous solution system[J]. Fluid Phase Equilibria，408：205-211.

Wu Y，Zhang N，2009. Aqueous photo-polymerization of cationic polyacrylamide with hybrid photo-initiators[J]. Journal of Polymer Research，16（6）：647-653.

Zhang Z，Zheng H，Sun Y，et al.，2016. A combined process of chemical precipitation and flocculation for treating phosphating wastewater[J]. Desalination and Water Treatment，35：1-12.

Zhang Zhengan，Pan Shulin，Huang Fei，et al.，2017. Nitrogen and phosphorus removal by activated sludge process：A review[J]. Mini-Reviews in Organic Chemistry，14（2）：99-106.

Zhang Zhengan，Zheng Huaili，Huang Fei，et al.，2016. Template polymerization of a novel cationic polyacrylamide：Sequence distribution，characterization，and flocculation performance[J]. Ind. Eng. Chem. Res.，55：9819-9828.

Zhang Zhengan，Zheng Huaili，Sun Yongjun，et al.，2016. A combined process of chemical precipitation and flocculation for treating phosphatizing wastewater [J]. Desalination and Water Treatment，57：25520-25531.

Zhang Zhiqiang，Xia Siqing，Zhang Jiao，2010. Enhanced dewatering of waste sludge with microbial flocculant TJ-F1as a novel conditioner [J]. Water Research，44：3087-3092.

Zheng H，Sun Y，Guo J，et al.，2014. Characterization and evaluation of dewatering properties of PADB，a highly efficient cationic flocculant[J]. Industrial & Engineering Chemistry Research，53（7）：2572-2582.

Zheng H，Zhu G，Jiang S，et al.，2011. Investigations of coagulation–flocculation process by performance optimization，model prediction and fractal structure of flocs[J]. Desalination，269（1-3）：148-156.

Zhu G，Yin J，Zhang P，et al.，2014. DOM removal by flocculation process：Fluorescence excitation–emission matrix spectroscopy（EEMs） characterization[J]. Desalination，346：38-45.

Zhu G，Zheng H，Chen W，et al.，2012. Preparation of a composite coagulant：Polymeric aluminum ferric sulfate（PAFS）for wastewater treatment[J]. Desalination，285：315-323.

Zhu G，Zheng H，Zhang Z，et al.，2011. Characterization and coagulation–flocculation behavior of polymeric aluminum ferric sulfate（PAFS）[J]. Chemical Engineering Journal，178：50-59.